22

新知
文库

XINZHI

IQ :
A Smart History
of a Failed Idea

Copyright © 2007 by Stephen Murdoch

Copyright arranged through Andrew Numberg Associates International Limited.

智商测试

一段闪光的历史，一个失色的点子

［美］斯蒂芬·默多克 著　卢欣渝 译

生活·讀書·新知 三联书店

Simplified Chinese Copyright © 2016 by SDX Joint Publishing Company.
All Rights Reserved.

本作品中文简体版权由生活·读书·新知三联书店所有。
未经许可，不得翻印。

图书在版编目（CIP）数据

智商测试：一段闪光的历史，一个失色的点子／（美）默多克著；
卢欣渝译．—2版．—北京：生活·读书·新知三联书店，2016.3
 （新知文库）
ISBN 978 – 7 – 108 – 05379 – 4

Ⅰ．①智⋯　Ⅱ．①默⋯ ②卢⋯　Ⅲ．①智商－测试－研究
Ⅳ．① B841.7

中国版本图书馆 CIP 数据核字（2016）第 020710 号

责任编辑	黄　华　徐国强
装帧设计	陆智昌　鲁明静　康　健
责任印制	徐　方
出版发行	生活·讀書·新知 三联书店
	（北京市东城区美术馆东街22号 100010）
网　　址	www.sdxjpc.com
经　　销	新华书店
印　　刷	北京隆昌伟业印刷有限公司
版　　次	2009 年 11 月北京第 1 版
	2016 年 3 月北京第 2 版
	2016 年 3 月北京第 2 次印刷
开　　本	635 毫米 × 965 毫米　1/16　印张 17
字　　数	207 千字
印　　数	08,001 – 15,000 册
定　　价	32.00 元

（印装查询：01064002715；邮购查询：01084010542）

新知文库

出版说明

在今天三联书店的前身——生活书店、读书出版社和新知书店的出版史上，介绍新知识和新观念的图书曾占有很大比重。熟悉三联的读者也都会记得，20世纪80年代后期，我们曾以"新知文库"的名义，出版过一批译介西方现代人文社会科学知识的图书。今年是生活·读书·新知三联书店恢复独立建制20周年，我们再次推出"新知文库"，正是为了接续这一传统。

近半个世纪以来，无论在自然科学方面，还是在人文社会科学方面，知识都在以前所未有的速度更新。涉及自然环境、社会文化等领域的新发现、新探索和新成果层出不穷，并以同样前所未有的深度和广度影响人类的社会和生活。了解这种知识成果的内容，思考其与我们生活的关系，固然是明了社会变迁趋势的必需，但更为重要的，乃是通过知识演进的背景和过程，领悟和体会隐藏其中的理性精神和科学规律。

"新知文库"拟选编一些介绍人文社会科学和自然科学新知识及其如何被发现和传播的图书，陆续出版。希望读者能在愉悦的阅读中获取新知，开阔视野，启迪思维，激发好奇心和想象力。

生活·读书·新知三联书店

2006 年 3 月

献给我无限热爱的梅利莎

目 录

致谢　　1

前言　　1

第一章　智商测试的先天缺陷　　1

第二章　探索智力测试的人们　　10

第三章　现代智力测试的诞生　　32

第四章　智力测试的美国浴火　　41

第五章　拒绝智力低下者入境　　62

第六章　改变世界的智商测试　　70

第七章　智商测试 A 卷和 B 卷　　87

第八章　美国曾经的绝育历史　　104

第九章　纳粹德国和智商测试　　125

第十章　英国的 11＋智力测试　　147

第十一章　美国死刑和智商测试　168

第十二章　智商测试能测出什么？　182

第十三章　取代智商测试的方法　193

第十四章　美国的大学入学考试　204

第十五章　白人黑人的智商差距　233

后记　251

译后记　254

致　谢

在写作本书的过程中，许多人给了我热情的帮助。我的经纪人威廉·克拉克（William Clark）始终坚信，我写作本书前途无量。他为我代言，做到了尽善尽美，为此我深感荣幸。约翰·威利父子出版公司（John Wiley & Sons）的文字编辑汤姆·米勒（Tom Miller）独具慧眼，深信有关智商测试的书会深深地吸引读者，并将本书手稿的可读性和趣味性提升到了特别高的水准。我会永远铭记帮助过我的威利公司的其他成员，尤其是汤姆·米勒能干的助理朱丽叶·格拉姆斯（Juliet Grames），令出版过程变得轻松愉快的总编约翰·希姆科（John Simko），富于远见卓识而且体贴入微的本书编辑威廉·德雷南（William Drennan）。在此我向他们各位深表感谢。

我定期向我的父亲威廉·默多克（William Murdoch）汇报写作本书的进展情况。结稿后，他仔细通读了手稿。他独到的见解使我获益匪浅。华盛顿特区有一批人曾经给予了我无可替代的帮助，他们反馈的信息对初稿的形成起到了至关重要的作用，在此我向他们一并致谢。他们是米兰尼·卡普兰（Melanie Kaplan）、盖特·莱因博里（Gate Lineberry）、马特·麦克米伦（Matt McMillen）、琼·奎格利（Joan Quigley）、洛里·尼奇—汉森（Lori Nitschke-Hansen）和艾米·塞拉芬（Amy Serafin）。我尤其要感谢彼得·格温（Peter Gwin），对我不计其数的求教电话，他总是有求必应。别忘了，他可是个响当当的作家，人们对他的新作正拭目以待。

我还要衷心感谢乔治·希金斯（George Higgins）博士和威廉·

梅斯（William Mace）博士，他们两位都是我心仪的教授。我在康涅狄格州三一学院上大学本科期间，他们讲授的心理学令学生们兴趣盎然。尤其需要说明的是，正因为此前有梅斯博士的心理学发展史课程，本书今天才会出现在读者们面前。有过多种从业经历后，我终于回归了早年的兴趣之所在，因此才有了本书。需要说明的是，如果本书中的观点和事例与实际情况不符，与上述两位正派的绅士无关。

国会图书馆（Library of Congress）的全体员工都很敬业，其中几个人对我帮助更多些，而且总是热情有加，也非常专业。他们是谢里尔·亚当斯（Cheryl Adams）、艾比·约克尔森（Abby Yochelson）、达伦·琼斯（Darren Jones）和大卫·凯利（David Kelly）。另外，《华盛顿律师》（Washington Lawyer）杂志的编辑兼作家蒂姆·韦尔斯（Tim Wells）曾经在位于马里兰州贝塞斯达的作家中心指导我写作新书介绍。美国犹太人大屠杀纪念馆（United States Holocaust Memorial Museum）的馆长苏珊·巴克拉克（Susan Bachrach）博士让我在她的办公室里查阅了她手头的资料。塔玛拉·科克（Tamara Koch）为我精心翻译了厄休拉·H（Ursula H.）的病历。我举家搬到加利福尼亚后，惠特尼·丹杰菲尔德（Whitney Dangerfield）替我到国会图书馆作了些调研。另外还有一些人以各种各样的方式帮助过我，他们是杰伊·卡兰德（Jay Carlander）、伊万·戈特斯曼（Evan Gottesman）、大卫·卢比茨（David Lubitz）、尼古拉斯·拉帕姆（Nicholas Lapham）和鲍伯·兰（Bob Lang）。对上述人士的帮助，我会永远心存感激。

智商测试的历史可谓千头万绪，错综复杂。如果没有天分极高的前辈研究员们和作家们铺路，如果不借用他们的肩膀，像我这样的门外汉，根本不可能在这一领域有所建树。所以，我要向以下几个人表示由衷的感谢。他们是雷蒙德·范彻（Raymond Fancher）、利拉·曾德兰德（Leila Zenderland）、保罗·隆巴多（Paul Lombardo）、阿德里安·伍尔德里奇（Adrian Wooldridge）、亨利·弗里德兰德（Henry Friedlander）。阅读这些人的著述，我收获颇丰。在弗吉尼亚州夏洛茨维尔市，保罗·隆巴多曾经于百忙中抽出整整一天时间，向我解释纷乱复杂的巴克诉贝尔案（Buck v. Bell）①。他还慷慨地让我阅览他花费数年时间整理的相关法律文件。他的无私实在可以垂范学术界。

最后，我还要感谢我的夫人梅利莎（Melissa）以及我们的三个女儿安斯利（Ainslie）、塞雷纳（Serena）、安纳贝尔（Annabel）。她们给予我的帮助，语言仅能表达万一。

---

① 对低能妇女实施强制绝育的案件。——译者注

前　言

　　我在加利福尼亚州圣巴巴拉市长大。上小学六年级时，我妈开车送我去了一趟当地的公立初中，目的是参加智商测试，看看我能否被那所学校的超常少年班录取。进入一间小办公室的时候，我周身都在打战。屋里有个蓄着浓密黑色长髯的男士，他问了我一大串非常奇特的问题。他一脸倦色，一副若有所思的样子。在提问过程中，他甚至让我到屋子外边待了一会儿，以便他接个电话。提问中有一部分问题是：他向我出示了一系列卡片，每张卡片上都画着东西，他让我找出每张画上缺少的部分。我留意到，在画着雨伞的那幅画上，伞柄顶端支撑伞弓和伞布的辐轮不见了。我向他指出了这一点。

　　我记得，那人对此深表惊讶，他说："真不简单，大多数人根本看不出来。"这句话与其说给了我鼓励，不如说反倒使我更加不知所措。是不是我的其他答案都显得很傻，他才表现出如此惊讶呢？

　　后来他向我展示了一些花样和图形，让我用彩色拼图块还原那些花样和图形。做这种事，对我来说不在话下。不过，在我忙活的过程中，他一直在旁边盯着手表计时，这让我始终有一种惴惴的感觉。再后来，他开始问我一些不着边际的问题，我对答如流，同时也恢复了信心。

　　"查尔斯·达尔文（Charles Darwin）是什么人？"

　　我爸是个生物学家，在当地的大学工作。刚好不久前我跟我爸妈一起看了个电视片，讲述达尔文乘坐英国皇家小猎犬号前往加拉帕戈斯群岛（Galapagos）的事情。

我当时回答道:"他是个生物学家,曾经去南美洲考察。"

考试结束时,我的心情极为矛盾和失落。出乎意料的是,几周过后,我接到通知,说我被超常少年班录取了。尽管结果令人满意,我却丝毫没有改变对那次经历的看法。我一直相信,我没有通过考试,只不过我妈——我妈是家长教师联谊会(PTA)①的活跃分子——做了什么手脚,让我进了少年班。

在写作本书的过程中,总会有一些人追问,我怎么会对智商测试的历史来了兴趣。对他们来说,这个命题似乎太深奥,没准他们正企盼着我会给他们讲述一段惨痛的个人经历。我也总是希望能给他们一个有针对性的答复——例如,我曾经参加智商测试,仅仅得到69分,然而我最终成了哈佛大学的毕业生。不过,这两件事都不是真的。我的个人经历再普通不过了,就像我们身边每个人所经历过的,没什么两样。只要提到智商测试,每个人都会说出某种偏见、臆测或者个人经历——这一命题涉及的感情色彩太浓重,文字几乎无法尽述——和许多人一样,我也讨厌参加这样的测试。当我还是个孩子时,我从不喜欢他人对我品头论足,对此我印象特别深,而智商测试的根本目的就是透彻地审视人。每当想到一个简单的测试就可以洞察我的一切,我当然会感到恐惧和坐立不安。

真实的情况是,发生在智商测试幕后的事情强烈地吸引着我,让我难以忘怀。这是我写作本书的动机。早在我还是康涅狄格州三一学院的心理学本科生时,我已经知道了创立这类测试的一些历史人物。许多年后,他们的狂妄自大仍然让我难以忘怀。从三一学院毕业后,我并没有继续深造,成为什么心理学家,而是鬼使神差入了法律行当,在柬埔寨搞了几年人权事务,后来又到华盛顿特区干了一个时期

---

① 英文全称为 Parent-Teacher Association。——译者注

的民事诉讼。30岁出头时，我成了自由作家。最初，我的写作领域是法律。后来我常常前往国会图书馆，试图搞清智商测试的出处。假如我抱着更为科学的态度写作本书，我会就此命题写出一篇学术性很强的论文。不过，我一向喜欢历史，因此我倾向于找出这些测试的出处，以及它们背后鲜为人知的故事和人物。

后来我发现，有关智商的历史竟然如此多彩，令人遐想，不可小视。因此，我泡在国会图书馆的时间比我先前预想的多了许多。起初我读了一些介绍世界上第一次大规模智商测试的著述，那次测试的主办方为美国的军事当局，时间为第一次世界大战时期，参加测试的总人数达到了170万。不久以后，我认识到，在整个20世纪，甚至在今天，这种费解的测试已经影响到人们对人本身的判断，这种情况蔓延到了世界各地。当时我意识到，这些材料足够我写一本书了。

美国卷入第一次世界大战之后没过几周，不知从哪里蹦出七个人，在新泽西州远离城市的一隅鼓捣出一些极端的问题，用来为难美国的年轻人，例如："人们为什么要用炉子？""犹狳是一种：装饰用的盆景/动物/乐器/匕首"，等等，等等。他们认为，应征入伍的人对这类问题的回答，有助于揭示他们先天的智力差异。战争结束后，这七个人使美国人民相信——后来使全世界人民都相信了——他们的判断是准确的。

当我了解到第一次世界大战期间的那些测试题是在短时间内拼凑出来的，我就开始调查，这七个人以及他们推行的测试和当今是否有某种联系。最初我认为，由于那些测试看起来老掉了牙，它们和今天的世界不会有任何联系。结果证明，它们和今天的世界确实有某种程度的联系，只不过大多数人并不知情而已。从20世纪早期发展到今天，心理学已经非常超前了。令人惊异的事实是，心理测试却几乎没有什么改进。以诞生于新泽西州的那些测试题作为起点，演化出了各种各样的考试和判分标准，所有生活在今天的人们，在人生的不同阶段，或多或少都会受它们的影响。

  我以为，本书不应当充斥着图表、图形，也不应当对各种分析数据进行冗长的解析。它应当是这样一本书：通过它向大家揭示，为什么仅仅经过一次测试，人们会终生被划分为三六九等。那些植根于第一次世界大战及其之前的考试，为什么会一次性地把人们划分到（或排除于）学校的快班，发配到这所大学而不是自己心仪的大学。作为成年人的我们，能否胜任工作，能否得到提升，能否得到政府补贴，执行死刑的方式是注射致死还是毒气熏死，所有这些是否均和自己无缘，源自新泽西州的测试能够决定这一切。过去一个世纪以来，这些考试影响了人们生活的权利，生养孩子的权利，自行选择生活在乡下的权利。这些考试自诞生以来从未发生过重大的改进。人类的智力确实因个体不同而显现出差异，应当区别对待，而这些考试对前述差异却一视同仁。本书会向读者揭示其中的原因，而其中的原因会让读者惊讶不已。

第一章

智商测试的先天缺陷

蒂姆（Tim）满3岁时，他母亲珍妮特（Janet）已经意识到，若想日后送儿子进华盛顿特区任何一家私立精英学校上学，肯定会遇上麻烦。蒂姆的父亲小时候上的学校，是当地最好的学校之一，因此父亲迫切地希望，日后儿子能步自己的后尘。然而，华盛顿的孩子们若不是政治家、科学家、律师们的后代，就是来自企业家家庭，竞争当然异常惨烈，甚至进幼儿园都需要参加智商测试，这让珍妮特最为揪心。

珍妮特是个随和的漂亮女士，年龄刚三十有五。用她的话说："连3岁大的孩子都不放过，还要测试，一想起这事，我就一个字：晕！"

比"晕"更甚的是，珍妮特早就得到过暗示，蒂姆是个"糟糕的"应试者。这是不带偏见的入学咨询机构告诉她的。这类机构是这一领域的专家，像蒂姆这样的家庭需要它们引领，才能完成私立学校复杂的入学申请流程。这类咨询机构收费不菲，费用从不低于上万美金。它们能够承诺的是，正确评估幼小的候选人，向家长们深度解析各个学校的异同。它们也经常主办有针对性的智商测试——或者，非完整版的智商测试，以便正确地判断孩子的能力，并以此为参照，推荐几所与之匹配的学校。孩子得分越高，可供选择的学校门槛越高，竞争也就愈加惨烈。在申请流程的起步阶段，智商测试的得分情况便决定了孩子们择校的流向。

女咨询师在办公室测试蒂姆时，特意叮嘱珍妮特回避一下。半小时后，她又请回了珍妮特，告诉她一些坏消息。她告诉珍妮特，她唯一能推荐给蒂姆的是位于远郊区的一所学校，该校招收有语言障碍的孩子。对于珍妮特这样的家庭来说——所有东海岸家庭的孩子都出自名校——这不啻是寄厚望于孩子最终能迈进常春藤联盟（Ivy League）①大学，最终却落得个前往偏远的内布拉斯加大学某分校攻读农业。

"我吓坏了。"回想起当时的情景，珍妮特如是说。"我整整哭了三天！她告诉我，孩子是个弱智。"她无意间说出的这个词，是基于智商测试的人事分析方法的用语，也是很早以前进入美国现实生活的一个技术词汇。说到这里，珍妮特顿了一下。随后她想起来，实际上咨询师当时并未使用"弱智"一词为蒂姆定性。不过，当时她感觉到，对方只是没捅破这层窗户纸而已。"她告诉我的大意是，孩子的智力发育不完善。"

那位咨询师当时还建议，让带蒂姆去作语言能力矫正。所以，在学前教育阶段，珍妮特为蒂姆预约了每周两次语言能力矫正训练。在早期训练阶段，每当医生让蒂姆讲故事，他总会处于一种完全不知所措的状态，一个字也说不出来。每次开口说话，他总会像格林机关枪扫射一样，带出一大串"嗯嗯啊啊"。

"哦——不是——不——哦——哦——哦——我——我没有——农场。对——对啦——我家里——有个农——场。对——哦——不。知道吗?！我有个——哦——哦——我有个——哦——哦——哦——个，我没有——没——没有，农场。"

---

① 美国贵族高校毕业生和名流创办的组织，喻排名位次靠前的著名高校。——译者注

如果孩子发音清晰，只要像启动摩托车那样，狠踩一下启动踏板，和蒂姆同龄的孩子们，说出口的话总是一串串的，尤其在回答陌生人提问时（别说是关于农场的事，无论问什么事，均会如此）。可是，蒂姆在自我表达方面总是出问题。在医生指导下测试语言表达能力时，他只能在百分表上得到两个点——离最差就差那么一点点。珍妮特心里清楚，这对蒂姆极为不利。因为，在华盛顿地区，私立学校的主要招生门槛就是智商测试。而一百年以来，智商测试着重检测的就是语言能力。所以，蒂姆的前途险象环生。

在华盛顿地区的小学入学申请流程中，各种考试究竟占多大比重，家长们从学校管理部门得到的信息往往自相矛盾。一方面，学校总是劝家长们放松心态：智商测试的分数没那么重要，入学的门槛是由多重因素构成的；另一方面，学校的人也会告诉家长们，如果考试当天孩子生病，发脾气，心情不好，就不必带孩子来——这等于明摆着告诉家长们，考试很重要。实际上，考试分数之重要，完全不像学校对家长们说的那么轻描淡写。只不过学校的管理者们心里清楚，如果对家长们的担心不加以疏导，他们会更加神经质。对学校来说，让智商测试分数的权重比高一些，对学校建设大有好处。无论如何，这些年幼的申请入学的孩子们，多数来自穿着考究、口碑良好、头脑聪颖、家境富裕、信奉学而优则仕的白人家庭，那么，对学校来说，从如此众多有吸引力的、能干的、3岁到4岁的孩子中"剔除"——这是当地一位心理学家的用语——一些人，还能有什么更好的方法吗？

家长最害怕的事莫过于心理学家进行测试时，孩子完全不配合。华盛顿特区一个褐色头发的小女孩玛丽（Mary）的经历尤其能说明这一点。玛丽从办公室走进等候大厅时，一位三十多岁的心理学家从里边追出来，不依不饶地问道："玛丽，大马和小马有什么区别？"女医生提问时神情肃穆。

玛丽对她的提问不理不睬。她走到我身边，在长椅的空位子上坐下来，自顾自玩起了手里的娃娃。当时我正在大厅里等候叫号。

"玛丽，大马和小马有什么区别？"玛丽第二次听到了完全相同的提问。与婚龄达到30年的人相比，玛丽更懂得该听什么，不该听什么。对于一个生性固执的小女孩来说，人们无法跟她解释清楚，区分大马小马虽然不重要，可这是考试啊，因此它很重要。女医生更为固执了，当她第三次重复这一分类学问题时，玛丽忍无可忍了。她转过身面对着我，用手中的娃娃指着提问的人说："你能给我的娃娃换个尿布吗？"

谁都想象不出，玛丽这样做，最终会得到什么分数。孩子的情绪会影响得分，这几乎是公开的秘密，而测验得分理应在很大程度上本色地反映人的能力。数十年来，反对智商测试的人们对此存有戒心不无道理。他们认为，只有顺从大人意愿的"好孩子"才能在这样的测验中得到好分数。口碑好的心理学家会把孩子的情绪和耐性糅进考试里，通盘进行考虑。不过，每次测试，得分机会只有一次，谁都无法把事情摆平。

蒂姆的语言能力矫正是否有效，珍妮特无法确定，可他们坚持了下来。珍妮特觉得，指导蒂姆的心理医生还算不错，她对医生的评价是："她可不是那种热心肠和脑瓜特好使的女人。有一次那医生在蒂姆旁边看他画画，竟然当着他的面说，'这样可不正常啊'。"

对此，珍妮特解释道："心理学家们认为，孩子到了一定的年龄，就能画人物线条画，可蒂姆画不来。"所以，珍妮特带蒂姆去找了职业心理医生，去作肌肉功能精细训练和常规训练。[①]虽然珍妮特觉得这么做有点儿怪，可她听别人说，职业心理医生的方法管用。让

---

① 通俗的说法为"动手能力训练"。——译者注

她放心不下的是，这种方法未经"科学验证"。医生给了她一把刷子，让她经常刷刷蒂姆的皮肤，其主要目的是让蒂姆的皮肤感到舒适。医生告诫珍妮特夫妇，要每天坚持做下去。然而，他们对其效果表示怀疑，因此仅仅偶尔为之。

"所以，有一个阶段，"珍妮特顿了一下，接着说，"他每周去作两次语言能力矫正，还要去职业心理医生那里两次。"姑且不论这类治疗管不管用，蒂姆开始磕磕巴巴地说话了。"他说话时脸上的表情会变得特难看。"珍妮特说着抬起两只手，贴近自己两侧的面颊比画起来。后来，她还要求矫正语言能力的医生帮着蒂姆校正说话结巴。

对蒂姆来说，智商测试的前景实在太暗淡了。不管怎么说，华盛顿地区大多数像蒂姆一样的人家一向认为，公立学校并非孩子们不二的选择。设立这些学校，主要是为了工薪阶层的家庭。统计数字表明，这类学校的出路实在令人揪心：在语文和数学方面，各年级仅有一小半学生能够达到同年级中等水平，仅有60%的学生最终能够从中学毕业。所以，在继续治疗期间，怀着极为忐忑的心情，珍妮特和当地的一位心理学家约好，为蒂姆作一次智商测试。蒂姆5周岁生日之前数个月，他平生第一次参加了智商测试。考试名称叫做"韦氏幼儿智力测评"（WPPSI），其发音为"会皮死"，完整的测试名称为"韦克斯勒学龄前儿童常规智力等级考试"（Wechsler Preschool and Primary Scale of Intelligence）。这是年幼的小孩们参加的统一考试。

心理医生对蒂姆的最初印象是："他一开始很健谈，对我们要做的事很有兴趣，所以，融洽的气氛一下就建立起来了。"她问了蒂姆一些常识性的问题，例如，天气冷了之后，水会变成什么？她让蒂姆猜了个谜语，然后作了个脑筋急转弯类型的测试；他还让蒂姆辨认图片上的动物，搭了积木。她留意到，蒂姆的词汇量有限。

虽然蒂姆一开始很合作，反应也很积极，但是后来的事很快朝着不利于他的方向发展了。心理学家的评语是这样写的："随着问题变得越来越难，尤其是到了问答阶段，蒂姆变得不愿意动脑筋了，而且常常不知道如何表达自己。每当碰上这样的情况，他会变得非常沮丧，不停地让他妈妈'现在'就带他回家。至少有两次，蒂姆哭了起来，扑到妈妈怀里，嚷嚷着要妈妈呵护。"

结果证明，珍妮特对蒂姆智力方面的担忧不无道理。蒂姆4岁时，玩计算机已经非常溜了，然而智商测试里没有计算机科目。针对孩子的智商测试自诞生以来一直就集中在语言能力和动手能力两个领域。在这两个领域，蒂姆和同龄（智商测试按年龄组进行比较）的孩子们相比，就比出差距来了。那次蒂姆得到了34%的点数，与语言能力测试中仅仅得到2%的点数相比，他理所当然大有长进了。可是在华盛顿地区，这远远够不着私立学校的门槛。

"如果有人正在尝试把孩子送进某私立学校，而孩子们在这些测试中表现不好，只有选择放弃。34%的得分进不了这一类学校。"这是珍妮特的原话。大多数家长认为，若想让孩子们进入某个最好的学校，他们的得分必须超过90才行。各学校负责招生的人从不承认有什么招生门槛，存在这一门槛仅仅是"可能的"。正如一位心理学家所说，如果西德维尔高中（Sidwell Friends，位于华盛顿特区西北，为全美最好的私立学校之一）"有权挑选90分以上的学生……我敢肯定他们挑的学生个个都这样。没有理由不这样做。据我所知，去那里上学的人都有很深的背景，都是这座城市精英里的精华。"

鉴于蒂姆的分数，在学前教育阶段，蒂姆的父母不急于让他上父亲的母校了。他们送他去了一所名声还算不赖的公立学校。那所学校的硬件设施远不及私立学校的那么精美，另外，家长们还需要单独付给学校一笔钱，才能请到音乐老师。多年以来，那所学校的行政部门一直向市政府申请实质性地改善学校的条件，政府方面却一直没动静。不过，那所学校却有一批好老师。珍妮特认为，在低年级任课的一些老师应该是最好的。蒂姆上学前班之前，珍妮特决定停止他的所有训练和治疗。

珍妮特说："我承认，训练和治疗有用。不过，就算不治疗，没准他也能跨过这道坎儿。"姑且放下这个话题不说了。停止治疗后，蒂姆不再口吃。为慎重起见，第一次和蒂姆的老师见面时，珍妮特告诉老师，蒂姆这孩子各方面都很棒，就是学习不行。数周之后，那位老师专门把珍妮特拉到一边，悄悄说，她错看了她儿子。"他没什么问题呀！"这是老师的原话。蒂姆是个正常的孩子。追述起当年的感受，珍妮特至今仍然记忆犹新，当时她一是感到如释重负，二是对所谓的专家们极为失望。长期以来，她一直担忧蒂姆没准真是个弱智，那种心境在一瞬间消失殆尽。

"从那以后，他样样都好起来。"说到蒂姆，珍妮特总有说不完的话。有一年，公立学校的老师们在期末评语中这样写道："在各主要学科，例如阅读、数学、写作等方面，蒂姆成绩优异。另外，各位老师都注意到，似乎他特别喜欢科技。在领悟科技知识方面，他表现出众，颇具探索精神。"

蒂姆喜欢公立学校，而珍妮特对当初的选择感到很满意。不仅如此，珍妮特甚至觉得，将蒂姆转到私立学校"那天迟早会到来"，届时他们必须作出抉择。不过，她丈夫则坚持认为，儿子应当尽早进入他的母校。华盛顿人都以为，送孩子到私立学校越晚，进学校越困难。因此，珍妮特找了另外一个心理医生为蒂姆作测试。蒂姆6岁时，作了第二次韦氏幼儿智力测评。他那次的得分为79%。虽然分数并不理想，不过梦寐以求的私立学校已经近在咫尺了。特别需要说明的是，蒂姆家族有大器晚成的传统。尽管如此，珍妮特和她丈夫有个共识，他们都希望蒂姆继续在公立学校念书，一年后再作一次测试。

蒂姆7岁时，珍妮特带着他又作了一次测试。这次参加的是"韦氏儿童智力测评"（WISC——the Wechsler Intelligence Scale for Children，一种比韦氏幼儿智力测评高出一个年龄段的测评）。从蒂姆第一次参加测试时不断地"哦——哦——"，随后开始作语言能力矫正到如今，时间业已过去了漫长的四年。这次作测试的心理医生发现，蒂姆"很专注，精神很集中，非常渴望表现自己。他对自己的表现很在乎，很执著，有时候还有点儿沉不住气"。蒂姆全面超越了自己，特别是在非语言能力方面，例如用彩色拼图块照着图形拼图、完成画图等等。

作完韦氏儿童智力测评，蒂姆得到的综合成绩为98%。比起三年前的那次测试，成绩整整高出了64%。有了这一成绩，蒂姆有资格申请周边地区最好的学校。尔后第一个春季到来时，他父亲的母校将他收入麾下。虽然进入常春藤联盟大学还需要等上若干年，蒂姆已经非常接近目标了。

蒂姆在语言表达方面有障碍，开窍较晚，可是无论测试得分是34%还是98%，蒂姆还是那个蒂姆。心理学家们说，分数差异这么大，是不寻常的。他们也承认，一般来说，孩子们进入成年之前，智商测试成绩很难"稳定"下来。

黛安娜·科尔松（Diane Coalson）曾经说过："显而易见的是，5岁以下的孩子，智商估分都不准，因为孩子们的认知能力发展太快了。"科尔松是哈考特心理测评公司（Harcourt Assessment）研发团队的领头人，而该公司是韦氏幼儿智力测评和韦氏儿童智力测评试题的制定者。按照科尔松的说法，孩子们成年以后，"以16岁为界，高于这个年龄，智商测试得分才比较稳定"。

那么，学校、企业、政府部门等等，凭什么用这些存在着一系列小问题的、令人感到紧张的测试对人们内在的智力水平进行笼统的、偏颇的估算呢？既然个人的情况因人而异，凭什么断定某个人行，另一个人不行，又凭什么说这种方法最好呢？一言以蔽之：吹呗！

第二章

探索智力测试的人们

说到作为科学的当代智力测试,以及在相当程度上支撑起这一领域的理论,其创始人是一个出类拔萃的英国上层绅士。他总是在计算和测量,无论身在何处,始终如此,并且一生乐此不疲,在其中实现着自我价值。说起弗朗西斯·高尔顿(Francis Galton),作为人物,他已经离我们很远了,让我们感到很陌生,不过,在维多利亚时代,他可是个远近闻名的万事通。他还是查尔斯·达尔文的表兄,他爷爷也是个了不起的人物,靠倒卖枪支发了大财。高尔顿对数学和测量有着特殊的癖好,由此导致他在地理学、气象学、遗传学、统计学、犯罪学、人体测量学(从各方面测量人的学科)诸领域作出了独到的贡献。高尔顿在知识领域极为多产,在涉及当代心理学的诸多方面,例如学术观点、测量工具、体系构架等方面,他不仅作出了贡献,也是最具权威性的人。

高尔顿最爱说的一句话是:"只要有可能,就计算。"这是一种独到的秉性,难怪他会开创一个领域,对人类进行计算、分类、测量。

高尔顿是个神经高度过敏的人。他年轻时曾在英国的剑桥大学主攻数学,当他得知学校里居然有人在数学方面比他还强,他当即精神崩溃了。那时,他父亲希望他重新捡起医学,因为他十多岁时曾经学过医。可是他对医学已经失去了兴趣。他父亲过世时给他留下一笔遗产，因此他彻底告别了大学生活。

像世界各地的纨绔子弟一样，高尔顿一夜之间获得了解脱。离开大学以后，他过了几年放荡不羁的生活，完全不知道这辈子该做点儿什么。他因为挥霍无度为人所不齿。他曾经和剑桥大学的几个校友沿非洲的尼罗河走了个周遭，也曾经在苏格兰围猎。总之，他到处寻欢作乐，经常通宵达旦。几年之后，每当有人问起那一时期他是怎么过的，在感到惭愧的同时，他总是闪烁其词地说，那一时期他阅读了许多伟人的著作，一直在进行深入的思考。然而，他找不出证据支持自己的说法。对整日无所事事终于感到厌倦时，他已经二十八九岁了。他拜访了伦敦的一位颅相学家（测量人的头颅形状和大小的专家），对方告诉他，他不适合做脑力劳动者。

颅相学家的原话如下："说到学术职业，我认为先生您并不真的喜欢点灯熬油，做那一类事情。保不齐摊上那类事，也不会努力去做。"

对高尔顿的学术造诣和能力的估计，颅相学家显然大错特错了。不过，那次拜访过后，高尔顿决定当个非洲探险家。在白人很少涉足的那块大陆上四处露脸，并非高尔顿的希望，他所希望的是，充分利用自己的绘图天赋。1850 年，他前往如今的南部非洲国家纳米比亚的达马拉兰地区，进行了一次测绘远征。那次远征导致他出版了一部畅销的游记《探险南部非洲赤道地区》(Narrative of an Explorer in Tropical South Africa)。甚至在这样的书里，他也显示出对测量难以割舍的情怀。在书里的某一章节，他记述了自己惊叹于西南非洲一位年轻的霍屯督（Hottentot）女人，她嫁给了传教士的"生活翻译"。她的身材如此尽善尽美，令他想起来就火冒三丈。

"生活翻译娶了个迷人的女人，不仅仅是因为，她在霍屯督女人里身材最好，而且因为，从某种意义上说，她是霍屯督人的维纳斯。

她进化得如此完美，令我惊叹不已。对此一敏感的进化问题，我壮起胆子，在我的传教士朋友圈里作了尽可能详尽的调查。"

高尔顿觉得她美得令人惊叹，其出发点是想测量她的身段，而不是向她求爱。当然，无论如何，他不可能直接走过去，当面对她说想测量她的身材，因为他不会说她的语言。另外，不管怎么说，如此提出要求会显得相当荒唐。他是个具备科学精神的人，正好他在测绘途中，他迅速抓起了身边的六分仪。这种仪器使他能够从远距离之外测量她的身段。

"我崇拜的对象就站在一棵树下，一直不停地全方位转换着方向，恰如希望被人崇拜的女性那样……我从各个角度对她的身材进行了一系列观察，包括自上而下，正反向交叉，对角线过渡，如此等等。我小心翼翼地画了个轮廓，以便详细标注，生怕出一丁点儿差错。做完这些之后，我壮着胆子拿出软尺，从我刚才站立的地方丈量到她刚才站立的地方，由此测出了直线距离和夹角距离。随后我用三角算法和对数算法计算出了最终结果。"

高尔顿的游记后来成了一本畅销书。那次探险和地图测绘使他成了令人艳羡的英国皇家地理学会（Royal Geographic Society）的会员。也是因为此，在临近不惑之年时，高尔顿摇身变成了一位成功人士。不过，他仅仅是小有名气而已，并未成为伟大的思想家。转瞬到了 1859 年，他的表弟查尔斯·达尔文出版了《物种起源》(On the Origin of Species)，这部著作改变了一切。这本书最终使高尔顿利用进化学说解析起了人类的智能，由此及彼扩展开来，他居然想到了利用物竞天择之法改良人种。也就是说，高尔顿竟然想到了优生优育。

阅读《物种起源》之前，高尔顿是个虔诚的英国国教徒，他从未对生物产生过兴趣。读过这本书之后，高尔顿的世界观发生了天翻地覆的变化，虽然这种变化并不像他后来说的那么神速。步入老年后，高尔顿曾经追述道,《物种起源》一书在"刹那间"将他变成了不可知论者。这有点儿像英国作家和诗人托马斯·哈代（Thomas Hardy）小说里的情节转换点。然而，这与事实不符。《物种起源》里的观点以及高尔顿身边的其他科学家们确实让他发生了变化，不过，这一过程是漫长的和让人痛苦不堪的。

读过《物种起源》之后，许多异端的想法开始在高尔顿的头脑里形成，使他处于精神崩溃状态长达三年之久。待在家里康复期间，他终日神不守舍，焦虑不安，几乎无法工作，也无法在公开场合与朋友们共进晚餐。因此，在生命的最后阶段，高尔顿写道，达尔文的著作"标志着我的智力发展的新纪元"，他的言外之意是：这本书足以颠覆人生，让他足不出户长达三年之久。

恢复健康后，高尔顿开始在公开发行的报刊上及公开场合挑起争鸣，他所宣扬的是，血缘所传承的人类智力特征主宰着每个人一生的成与败。他会把自己的余生都贡献给这方面的探索。在高尔顿看来，将研究动物身体特征的理论用于研究人的心理，其适用程度可谓天衣无缝。总而言之，多数人类家族在身体方面都有显而易见的共性——例如，父亲身材高挑，儿子往往也会身材高挑。高尔顿认为，既然身体上的特征会代代相传，诸如智力和懒惰等心理上的特征同样也会代代相传。时至今日，人们仍然争论不休的是，这种理论在多大程度上是真的。不过，在这一领域，高尔顿为当代人的观点、论战、分析方法等等打下了坚实的基础。

通过回顾自己的切身经历，高尔顿完全吃透了《物种起源》一书。他写道："我开始琢磨与我同时代的人们在中学、大学以及未来世界里的人生轨迹和成就，随后惊奇地发现，人类的能力似乎也常常向下遗传。"

甚至高尔顿的非洲之旅也支持他的如下观点：黑人从灵魂深处感

到不如白人。虽然局外人认为，这种说法太刺耳，学院派心理学界却一直对此命题兴趣盎然。回顾《探险南部非洲赤道地区》一书，高尔顿曾经记述过与非洲部族首领的一次会面。他认为，每当欧洲人在丛林里与"土著头人"觌面相遇，"情形总会千篇一律——白人旅行者总会在他们面前表现出趾高气扬。很少有人说，白人在见到黑人头领时，会感到自愧弗如"。

简而言之，对于白人和黑人在能力方面的差异，高尔顿并不掌握作为支持依据的事实，他真正依赖的反倒是自己的经验和道听途说。他写道："我们通常称之为先天智力不足的人，在黑人群体里数量非常大。但凡提到美国黑奴的书，都会提供无数的事例。黑人在处理自己的事情时犯下的错常常是既天真，又愚蠢，还笨拙，而且频率之高，让我都因自己是人类而感到难为情。"

《物种起源》出版10年后的1869年，高尔顿决定在一本名为《天赋遗传》(*Hereditary Genius*)的书里用数字证明，人的能力可以通过血脉遗传。这是对统计学的极端应用，因为，此种方法从前仅仅用于统计人体特征，用它来统计人的智力，高尔顿是第一人。《天赋遗传》主要探索的是，显赫人物们之间的血缘是否比显赫人物跟平头百姓的血缘更近。高尔顿确信，若能证明这一点，即可支持他关于人的能力可通过血脉遗传的观点。为证明这一假设，高尔顿从一堆传记辞典里搜集了一箩筐为社会作出过特殊贡献的人的名字，最终列入名单的净是些法官、军官、政治家、诗人、运动员，此多数人都是知名人士。

通过分析上述人等的家谱，高尔顿发现，在他抽查的人群里——他抽查了将近千人，或多或少沾亲带故的占了10%，而这些亲属中的多数人来自同一个家族。虽然他抽查的大多数人相互之间没有亲属关系，但是由于抽查是随机挑选的，有亲属关系的人所占比例之高，超出了他先前的预计。与显赫人物有血缘关系的人们都希望自己会有所建树，至少他们会希望自己像其亲属一样，在同一领域功成名就（恰如他们在传记辞典里露脸所证明的那样）。高尔顿认为，这足以支持他的论点：人的能力会遗传。

高尔顿是这样论述的：后人必须"同时继承名人的才能、热情、活力，唯有这三者相互结合，退一步说，至少这三者必有其二，才能在世界上崭露头角"。同理可以解释，以法官为例，与著名法官的血缘关系如果出了五服，其成为名人的可能性似乎就小了许多。高尔顿由此得出了如下结论："血缘关系经过三代稀释之后，著名法官的后代以名人身份安身立命的可能性几乎不复存在。"

数个世纪以来，欧洲哲学家们一直争论不休的是，诸如智力之类的特征，是与生俱来的，还是后天获得的。在高尔顿时期，这一命题始终未能盖棺论定。恰如环境和物种两者之间的关系，时至今日，人们还远不能说已经有定论了。另外还需要说明，据信，高尔顿调查过的许多有血缘关系的成功人士，他们的生活背景大致相同（至少在他们有生之年的某个阶段的确如此），而且他们还曾经像一家人一样互相扶持过。然而，就高尔顿自身来说，他即是名门世家的一个成员，环境对他一生所处的社会地位却没起多大作用。高尔顿曾经说过，看看美国的情况，他们对中下层的人的教育比英国做得更好。即便有此环境差异，"可以肯定的是，在一流的文学、哲学、艺术作品方面，美国人无法超越我们。美国人阅读的高品味书籍，包括最新出版的作品，主要都出自英国人的手笔。美国人当中有许多报刊文章的写手，也不乏国会议员那样的具备政治头脑的作家，可是，论及真正的大家，和我们相比，他们那里的数量极其有限。"

高尔顿特有的经历理应使他坚信，环境因素对人的影响比遗传因素更甚，可实际情况并非如此。高尔顿是七个兄弟姐妹中的老幺，这本身没什么特殊性，不过，在他的成长过程中，主要是由姐姐阿黛尔（Adele）带大的。阿黛尔比他大12岁，由于脊椎缺损，疾病缠身，是个残疾人。高尔顿出生后，她死磨硬泡，将高尔顿的婴儿床安置在自己房间里，担当起了看护他的职责。在高尔顿非常小的时候，她就给他灌输知识。高尔顿独特的成长经历，将他造就成了早熟儿童。在他8岁时，他已经可以讲述古代撒克逊人的造船史实。按照他们家人的说法，他妈妈将蚂蚱当成金龟子时，他甚至还训斥她老人家，并且指出，它们属于不同的昆虫系列。对高尔顿来说，他的血统比他的成长环境更重要。

智力能够遗传，基于这样的认识，人们常常得出如下结论：人类社会的构成，是出于自然的选择。高尔顿也这么认为。对他来说，女性、黑人、下层人处于社会的底层，其原因是他们的智力先天不足。他还在正式出版物里用图形对此进行了解释。在他画的钟形曲线①最左端，是遗传最差劲的人群，包括"罪犯、潜在罪犯、流浪汉，以及他们的同伙"。遗传稍好的人们在钟形曲线上处于稍高的位置，他们是"偶有收入，生活贫困的人们。他们中大多数人的贫困不可逆转，是由于他们无奈、懒惰、酗酒"。处于钟形曲线中段凸起部分的是"令人尊敬的"劳动阶层人士，他们不太聪明，各方面却并不弱。最后一部分人当然是"处于社会阶层最高端的国家的智者们"，他们的位置在钟形曲线的最右端。

由于坚信遗传决定了人的社会地位，高尔顿推出了一个石破天惊的影响公共政策的提议。这个提议余音绕梁直至今日。高尔顿认为，应当仅仅允许处于智慧曲线最高端的人——那些"极为勤奋……为

---

① 又名正态分布、高斯分布，是自然科学与行为科学进行量化分析时的函数曲线，类似心电图中由低到高然后回落到低的一个波形，因其曲线呈钟形，人们常常称其为钟形曲线。——译者注

自己积累了巨量财富的人"——生儿育女。闭门待在家里三年,潜心刻苦钻研达尔文的《物种起源》,让高尔顿获益匪浅:他一生最具影响力的思想即是将优胜劣汰应用于人类的传宗接代。

用直觉感受一下,他的想法似乎有点儿道理。狗们各有各的特征,可通过选择进行遗传;人类的特征因人而异,因此也应当通过选择进行遗传。

有一次,高尔顿在讲课时作了如下阐述:"有些狗很粗野,有些则很温顺;有些很耐劳,有些则很快就会累趴下;有些忠心不改,有些则自视清高……人类也如是,尤其在考虑成为良好公民必须具备的素质时。我们没有必要在此时此地专门界定什么是良好公民,这主要是因为,它的构成包含了多种变量的素质。良好公民必须具备高水准的特点,包括智能、体能、体格,此种差异会把绝大多数个人排除在外。"

通过上述推论,高尔顿在人类遗传领域开创了一门全新的应用科学,他将其称之为"优生学",这是他独创的词汇,来自希腊文词根"优化"和"出生"的拼合。然而,此前高尔顿已经注意到,推行优生学最大的麻烦之一是,如何在智者们仍然年轻时将他们识别出来,鼓励他们生育。为写作《天赋遗传》,高尔顿曾经作过调研,传记辞典里列出的大多数名人不是已过中年就是已步入老年。从生育的观点看,机会已经错过了。

高尔顿需要的是一种检测手段,以便从遗传的角度识别适于生育的青壮年和在校生。《物种起源》出版六年后的1865年,高尔顿发表了一篇论文,文中提到,有必要创建"公开的考试制度,按照既定方针实施"。应当鼓励通过考试取得优异成绩的人结婚,社会应当给他们以相应的尊重。青年男士应当被配以岁数稍小的女士,她们也要通过考试,证明其符合"除了心智健全,还要端庄、美丽、健康、温柔、善做家务、不那么痴情等"。如果这些取得高分的男女希望结婚，应当奖励他们5 000英镑，这在当时是个令人垂涎的数额。他们抚养和教育孩子的开销应当由政府买单。

高尔顿还写道："皇室应当出面，以高雅和庄重的庆典方式出嫁新娘……选址应在威斯特敏斯特大教堂。"

高尔顿面临的主要问题是，所有人——当然也包括他自己——都不知道，"按照既定方针实施"的检测先天智力的考试应当是什么样。"智力测验"眼看就呼之欲出了。早期智商测试的名称是"智力测验"，现如今的名称是后来才有的。

弗朗西斯·高尔顿是此类考试的首创者。从非洲回国后，他的癖好一如既往：对一切极其有用和极端无用的东西，他都会进行计算和测量。别的不说，在英国皇家地理学会冗长的讲座上，他甚至会计算人们的烦躁程度，测量人们的无聊程度。不过，绘制英国第一个气象图的也是他，首先主张在刑事调查中采集指纹证据的同样是他。

高尔顿不仅是个具有独到见解的思想家，还是个实干家。他能根据需要，亲自动手制作千奇百怪的工具和器具。在制作英国美女分布图的过程中，他动手制作了几个可粘在手指上的带金属尖的木质和纸质的图钉状工具，以便在英国各地考察期间，用它来计算女性，并将其分类。此类计算用的小工具使他可以将一只手揣在口袋里，在事先准备好的十字形纸片上偷偷地打孔。遇到好看的女士，他会在十字的顶端打个孔；遇到长相一般的女士，他会在十字的某一横岔上打个孔；丑陋的女士就只有沉底的份了。最终结果显示，最漂亮的女性集中在伦敦，最没有吸引力的女性大量存在于北部的阿伯丁郡。

高尔顿不乏诡异的然而有时颇具天分的想法，外加有能力自己动手制作各种工具，他把这一切都用到了发明第一套测试智力的设备方面。《物种起源》出版25年后的1884年，在英国伦敦国际健康博览会（London International Health Exhibition）上，高尔顿拿到了一处一米宽、十多米长的展位，安装了17台设备，用以检测人们的各种能力。展会期间，他检测了9 000人，被检测的人们因为觉得好玩，甚至还付费给他。他们在检测室的入口处将钱付给看门人，每人次付费三便士。

　　人们喜欢他的测试。为了让他仔仔细细地检测一遍，人们要排队等候好几个小时。好奇的人们多数都很守规矩，间或也会冒出个晃晃悠悠的醉鬼，手里攥着个体力劳动者经常随身携带的石质啤酒瓶，强行挤进人群，张口就说也想享受一番。展会期间，高尔顿的展位不过是众多展位中的一个，却是最火爆的一个。有时候，由于排的队伍过长，一些人只好放弃。不过，大多数人宁愿排长队等候。因为，通过隔断上的格栅望进检测室，亲眼见到的情景让他们的好奇心放大了：来自全国各地的各行各业的男男女女不分长幼坐在各种超乎想象的设备前，有的作沉思状，有的在敲击，有的在凝眸注视，有的在吹气。

　　这些人都在干什么呢？高尔顿的展位上方有个硕大的标牌，印刷体的文字"人体测量实验室"对大多数参观者来说可能不会有多大含义，不过它们很科学，让人印象至深。在检测室里，照明光线昏暗，只见接受检测的人们侧过头看着一个镰刀形的木箱，从里边挑出一小段一小段文字，然后轻声念出来，旁边有个人在作笔记。他还让被测者用一个圆筒轮流对在两只耳朵上，而他则在圆筒另一头敲击一枚硬币，在上万人的鼎沸声音里测量他们的听力。他还测量人们的体重、身高。更奇怪的是，他还测量人们左手的中指。在测量过程中，他把测得的结果一一登记在一张张小卡片上。

　　在某个测试环节，被测者必须击打一根一端绑着软垫的圆棍，以测试他们出手的灵敏度。按照要求，被测者只要快速出击一下即可，不过，许多人总是弄混，错误地击打棍子的另一端。在把棍子打折的同时，他们会伤着自己的指关节和腕关节。

超级万金油高尔顿曾经极为愤怒地对这些笨手笨脚的人作出如下评论："这让我万分惊讶。我生长在拳击时代，这个仪器不过是要求被测者利用肩部之力出手，掌握快速出拳技巧。而新生代的人几乎不知道该怎么做！"

高尔顿认为，对身体的能力及其大小进行这些检测，能够洞悉哪些人具备最为"自然的能力"。高尔顿的理由是，越是有天赋的人，其神经反应越快。因此高尔顿认为，鉴别天才和非天才，方法是通过测试来计量人们的体能、反应时间、感知敏锐度等等。

"对身外之事物的信息，人类似乎唯有通过感知通道才能认知。"高尔顿如此论述道，"对差异越是敏感，我们作判断和运用智力的余地也就越大。"

至于高尔顿所谓的黑人和社会结构之类的观点，以及他那套关于感知敏锐度的理论，都跟他的个人经历有关。他觉得，男人比女人更能干，顺理成章的是，男人的感觉也更敏锐，这绝不是巧合。不然，在品酒师里和羊毛鉴定师里，怎么会没有女人呢？他是这样论述的："进晚餐的时候，少有女士能鉴别出不同红酒的独到之处。虽然在习惯上，准备早餐的总是女性，多数男人总会说，无论如何不敢恭维她们沏茶水和调咖啡的水平。"

国际健康博览会开幕之前，高尔顿亲自动手，花费数月时间，熟练地设计和制作了许多木头的和金属的仪器。他让人们窥视镰刀形箱子的内部，以测定人们的视觉敏锐度。箱子内壁上有抄自《圣经》的内容，句子排列由近及远。他用不同的绿色纤维检测人们对色度的辨别能力。他测试人们的肺活量和听力，还测试人们双手的拉力和握力，以及人们"出击的敏捷度"。他还雇了两个全职员工，专门在展位上测量人们的身体特征，记录各种得分，计算英国人各方面的大小、形状、能力等。

健康博览会闭幕后,有一次,高尔顿在位于伦敦的英国皇家人类学研究院(Anthropological Institute)发言时坦承,理应做的一项必要的测量,他却没做,那是个失误。

他是这样说的:"许多人注意到,我的检测室少了一项检测。其实我犹豫了很久,最后才下定决心,不测量人的头部,看来我错了。"

对于头颅大小和智力之间的关系,高尔顿不甚清楚。他所崇拜的许多男士都长着非同一般的大脑袋。他还注意到,多数女士的脑袋似乎比男士的脑袋小。他能够相当肯定的是,女士们稍欠能力。然而,高尔顿自己却长着个小于平均值的脑袋。那么,这是怎么回事呢?他曾经是个神童,两岁半时,他已经可以阅读儿童读物,还会写自己的名字。4岁时,他已经在学习拉丁语和法语了。他还很年轻时,已经是令人艳羡的英国皇家地理学会的成员了。英国有史以来第一张天气形势图出自他的笔下,而且他第一个发现了反气旋。弗朗西斯·高尔顿绝不是个等闲之辈,不过他确实长着个小脑袋。他刚刚步入成年,即已开始谢顶,他浓密的络腮胡反倒更显眼些(好像是为了证明其优等英国血统,他还长着两片极薄的嘴唇,使他的鼻子和嘴巴之间显得尤为扎眼,活脱脱像猿猴的样子)。高尔顿最终认定,人的能力是头颅大小和其他特征相互作用的结果,头颅大小并非唯一的决定性因素。

国际健康博览会的会址在伦敦西南,位于南肯辛顿宫(South Kensington)。一些社会名流常常止步于高尔顿的检测室,任凭他测量和测试,其中包括19世纪英国自民党最伟大的领袖人物威廉·格拉斯通(William Gladstone)首相。两人谈论头颅大小时,高尔顿存心要整一整首相大人。格拉斯通提到,帽子商常常说,他的脑袋超大，使他看起来像个"阿伯丁郡人……就这点而言，理所当然我会经常提醒我的苏格兰选民，我是他们的代表"。随后他问高尔顿，以前是否见过比他脑袋更大的人。对此，高尔顿的回答言简意赅："格拉斯通先生，您也太粗心了。"高尔顿显然话里有话，因为，健康博览会上到处都陈列着超大的头盖骨。

包括格拉斯通首相在内，参观伦敦国际健康博览会的英国人达到了400万。博览会的赞助人是维多利亚（Victoria）女王，会址选在了位于伦敦精英聚居区的南肯辛顿宫——数座高耸的展厅矗立在伦敦皇家阿尔伯特音乐厅和伦敦自然博物馆之间。时至今日，人们仍然感到不解的是，那次展会的主题为什么会选择一个全新的领域——"公共卫生科学"，仅此名称就结结实实地吸引了维多利亚时代人们的眼球。如潮的参观者们拥进健康讲座演讲厅，穿梭于拥挤的仿制品商店和货摊之间，惊叹于极为牵强附会才能与卫生用品挂钩的各种实物：服装、鞋类、急救用品、洗浴用品、蒸煮用具和炊事用具，所有新产品旁边都摆放着老旧的不卫生的用品，以便人们进行比对。人们参观"不合卫生条件的家"时会感叹，自家的情况和它多么相像啊。而这个家的旁边就有个"讲卫生的家"，向人们揭示建设卫生之家的各种方法。

在鼎沸的人声中，小小的人体检测实验室或多或少占据着一席之地，因为，高尔顿始终情系英国人的健康和生存状态。不过，高尔顿的展位与其他商店和摊位截然不同，他无意通过展览教育民众。因为他相信智力的先天遗传性，教育公众无异于浪费时间。对上万参观者来说，他的检测室是个开心场所，而他则利用它搜集人类的群体信息。

由于高尔顿相信优生学，对于如何处理社会问题，他常常持有非常偏颇的观点。高尔顿坚信，人们通常所理解的慈善举动——举例说,向患病的人和需要救助的人提供帮助——实际上会起到相反的作用。从根本上说,这些人先天有智力缺陷,无论给予他们多少帮助,都改变不了这一点。慈善甚至会促进这些人繁衍后代,反而使事情变得更糟。高尔顿认为,具备菩萨心肠的人更应当以提供资金的方式,鼓励具有天分的人结婚。慈善事业传统的救助对象可以继续接受救助,如果可能的话,被救助者应当作出承诺,防止自己怀上孩子。这样一来,在几代人之内,残障人就会急剧减少。与此相同的是,如果人的才能——有才能的人理所当然会成功——可以通过生物学的方法事先认定,那么,惠及全民的公共教育就是对资源的极大浪费。

高尔顿同时还指出,从数量上说,不值得鼓励生育的人大大超过值得鼓励生育的人,只要看看钟形曲线即可明白这一点。改善这种状况的方法之一是,促使能够建功立业的人婚育;方法之二是,阻止平庸的人和能力低下的人繁衍后代。高尔顿的学说后来发展成了人们所熟知的"劣汰学"。人们由此不难看出,它注定会带来灾难性的后果。然而,高尔顿当年曾经天真地认为,只要让平庸的人懂得天分可以遗传,他们会主动停止生育。同时他还认为,只要这种人放弃生育,社会应当对他们施以"充分的爱心"。但是,如果他们不愿意,"这种人应当被看做国家的敌人,社会应当收回这些人需要的所有爱心"。

在生命的晚期,甚至到了1911年,高尔顿仍在继续发表文章,在公开场合进行讲演,宣扬优生学。他天生善交际,他获得了科学家们、政策制定者们、社会名流们,甚至还有普通社会公众们的芳心,使他们为他而癫狂。1904年,英国社会学协会(Sociological Society)在伦敦大学为他举办讲座,那次他是这样作结论的:学术界最终应当接受优生学原则为"既成事实",然后"审慎考虑"这一领域的现实演进。他是这样说的:优生学应当成为"全民族的良知,就像一种新兴的宗教……因为优生学与自然法则相符，能够确保最适于生存的人类种族得以繁衍。大自然的选择是无意的，缓慢的，甚至是残忍的，人类则可以将其变为有意的，迅速的，温情的"。

著名历史学家 H·G·威尔斯（H. G. Wells）发表过一些评论高尔顿言论的文章。他宣称，在劣汰学和优生学中，他更看重前者。"自然法则总是选择淘汰最弱者，除了阻止那些可能成为最弱者的人出生，人类没有其他选择。"威尔斯的评论相当不吉利，有其预见性，他接着评论道："作为物种，人类得以改善的可能性在于对劣等人实施绝育，而不在于选择成功人士进行繁育。"

著名剧作家萧伯纳（George Bernard Shaw）也是优生学的支持者。不过，他对劣汰学不太感冒。他是这样评论的："值得指出的是，无论是在绞刑架下还是在战场上，人类对实施优生学的负面效应总会抱以极大的热情，总会毫不犹豫。人类从来不会因文明而小心翼翼地选择某人进入现世。人类的杀戮数以千万计。我们会不惜代价，无视我们的宗教信仰，为了英国人能够进入拉萨，仅仅为扫清道路，我们会杀掉西藏人。与此同时，我们却没有抱着科学的态度认真想想，英国人到拉萨后，能否如我们预想的那样保障其优越性。"

高尔顿曾经希望，他的人体检测实验室会使他跟优生学的远景靠得更近些。19世纪80年代，他大力倡导在全国范围内建立流动人体检测实验室，以便测试学生们、青年男士们和女士们，以便在人堆里艰难地寻找适于生儿育女的人们。

弗朗西斯·高尔顿最伟大的贡献，与其说是为人体检测实验室开发了测试方法和检测工具，莫如说是在统计学领域有所建树。检测室建立之前很久，他已经开发了令人称奇的统计方法。由于需要处理的信息堆积如山，为解决诸多数学难题，他经年累月与数字打交道，这帮了他大忙。1889年，他出版了《天赋遗传》一书，该书囊括了他此前12年的统计成果，最著名的成果是他对人类衰退所作的数学分析及其相关系数。

高尔顿意识到，面对复杂的、含有变量的、相互依存的、相互关联的数据包（例如，测量人类体貌的数据，以及听觉和视觉能力、出手灵敏度等），19世纪中后期的统计学对他几乎没有用处。当时确实已经有了统计学，不过，那时的统计学并非如我们现在所知，是个独立的学术领域，"统计学"一词的含义与我们今天的认知也大为不同。欧洲如此，高尔顿工作的地方英国更是如此。当然，那时已经有了伦敦皇家统计学会（London Statistical Society），不过学会当年的工作重点是搜集政治信息，而不是以数学为基础的分析。当年，欧洲大陆的科学家们确实也在数学领域应用统计学，不过，他们与高尔顿的研究目的却大不相同。例如，对于诸如行星和恒星等人类无法获取直接测量数据的物体，欧洲的物理学家和天文学家们进行复杂的检错运算，所依托的主要就是统计学。对科学家们而言，通常他们可以对目标天体反复进行测量，进而通过统计估算出"可能的错误"，通常的做法是从测量中取"中间值"。

高尔顿也可以在他的研究中利用统计学验证"可能的错误"，不过，他对统计的需要与欧洲的其他科学家大为不同。欧洲大陆的科学家们通过查找错误寻求各种天体更为准确的数据，高尔顿的兴趣则是从他的检测室测得的数据中找出不同点，即差异，或者所谓的"错误"。换句话说，他感兴趣的是，人的能力是如何在群体中分布的。他认为，这是遗传的结果，而非选择错误的结果。

另外，高尔顿还想借助精确的数学计算来探索人的能力是如何遗传的，此前没有人在这一领域进行过探索。为达到这一目的，他必须测定需要关联的变量的趋势。令人惊奇的是，以前从未有人尝试这样做。不错,对遗传感兴趣的科学家一眼即可看出其中的原因。显而易见的是,众所周知,高个子男人倾向于生出高个子的儿子。不过,这种趋势有多强大呢?

高尔顿最希望证实的是,人们在他的检测室里的表现,与他们人生的成功是否相关。19世纪80年代,高尔顿已经引入了令人称奇的简单的统计学思想——例如,被测者的社会地位及其所占的百分比,不过,他还需要更为复杂的东西与他在人体检测实验室里获得的变量进行比对。例如,他已经掌握了人们击打某一物体的敏捷度,以及他们双手的拉力。另外,他还掌握了被测者们所从事的职业,因为,在国际健康博览会的入口处,每个人都把自己的个人信息填写到了入场券上。不过,他所不知道的是,在17个测试项目中表现好的人,是否与他们人生的成功有关联;他也不清楚,这17个测试项目之间有何种关联。成功的人生和检测室的测试之间的密切关联成了证实高尔顿一些神经灵敏度理论的关键。他还没有利用统计学证实这一点,他只是手头掌握着一大堆其价值还无法估量的测试数据。区别不同绿色之间的细微差别,是不是有效的测试方法,有谁说得清?除非在此项测试中表现好的人的人生比表现不好的人更成功。

用误差理论做工具,对高尔顿没有任何帮助。不过,高尔顿在数学领域的天分让他萌生了一些想法,促使他开发对自己有帮助的方法。最著名的是他开发的相关系数。虽然相关系数有待于高尔顿的门徒进一步完善,但是这一数学发明使科学家们和统计学家们第一次可以测算两种变量之间的关联。高尔顿大大超越了他所处的时代,科学界在数十年后才明白,他从误差理论引入的焦点移位算法如何解析了变量之间的关联。事实上,从19世纪60年代到90年代,采用新的统计方法后,高尔顿一直在孤军奋战,在他的极力怂恿下,仅有为数不多的几个数学家间或帮助过他。

不过，颇具讽刺意味的是，高尔顿在统计方面的发明，反而促使他所开创的基业轰然倾圮。高尔顿的发明反而证明了，他在人体检测实验室里所作的生理测试相互之间根本就没有关联，他的测试方法在世界其他地方也不灵光。人体检测实验室建立之后不足20年已然处境尴尬，相关系数顺势把人们已然熟知的智力测试领域彻底葬送掉了。

高尔顿最狂热的追捧者之一是美国人詹姆斯·卡特尔（James Cattell）。19世纪80年代，他在德国的莱比锡取得了哲学博士学位。在剑桥大学临时进修医学期间，他认识了高尔顿。高尔顿给卡特尔留下了极其深刻的印象——卡特尔将他称为"我所认识的最了不起的人"，而且卡特尔对人体检测实验室更是印象至深。在莱比锡的三年间，卡特尔一直不停地测量人们的反应时间。为什么要做这件事，他甚至没有认真琢磨过，他也没有从测量结果中受到任何心理学方面的启示。他不过是为测量而测量，仅此而已。人体检测实验室，以及后来为人们所熟知的高尔顿对人类差异的研究领域，让卡特尔觉得眼前一亮，他像机器一样坚持了三年的测量，终于有了用武之地。

后来卡特尔回到了美国。将高尔顿的人体测量学传播到美国，起主导作用的正是此人。在美国的宾夕法尼亚州立大学工作期间，以及随后于19世纪90年代在美国的哥伦比亚大学任教授期间，卡特尔在高尔顿的人体检测实验室的基础上创建了成套成套的测试方法，并且极力拉拢学生们和社会公众参与测试。他完善了高尔顿的某些测试方法，同时也放弃了许多简易的体征测试方法，即健康博览会期间的检测室采用的一些方法。卡特尔保留了测量人们双手握力的测力计。他采用的其他测试方法包括：要求被测者不看钟表，凭感觉推算10秒钟间隔时段；让被测者仅仅借助目测，均分一条50厘米的直线；他甚至用尖头橡皮顶住被测者的额头，然后逐渐增加压力，直到被测者做出痛苦状，或者报告说感到疼痛难忍。他依此推论，对疼痛越敏感，神经反应越快（理所当然能力也就越强）。

19世纪末期，美国已经准备好接受卡特尔和他的智力测试方法了。第一次世界大战之前数年，颅相学家在美国境内四处周游，形成了一股颅相学家到处给人看相的社会风气。只要给钱，他们就会为客户分析头颅——包括头颅的形状、大小、与众不同的凹凸——提供有关事业和婚姻方面的建议。他们常常为客户解释其性格上的强势和弱势；人们也会把他们当做专家，向他们求教有关居家过日子的事。他们的社会角色有点儿像今天的临床医生、升学和职场顾问。智力测试是建立在生理学的基础之上的，虽然颅相学为它铺了路，但是在19世纪90年代，美国人在很大程度上认为，它不过是骗人的把戏。到了世纪之交，面对当时的社会问题，许多美国人开始从社会结构方面寻求解决的方案，他们对颅相学家叫卖的一对一的交流方式失去了兴趣。对许多人来说，某些心理学家原本就是临床医生。19世纪末期，一种美国式的实验科学出现了，即按照德国模式建立的心理学。作为可以解决社会问题的新领域，心理学粉墨登场了。心理学家主要现身于学校、移民们的入境口岸，甚至包括街头。

心理学家们宣称，他们终于找到了一种工具，即智力测试，可以在刚刚实现工业化的、复杂的社会里，用其将各色人等进行分类。这引起了企业主们和教育工作者们的注意。其结果是，19世纪80年代和90年代，家庭作坊式的智力测试实验室如雨后春笋般在欧洲和美国兴起。麻烦的是，大多数心理学家——至少对那些谨小慎微和战战兢兢的人来说如此——不太清楚智力测试的工作机理。他们测到了一些东西，不过，通过智力测试真的可以把人进行群分吗？

詹姆斯·卡特尔认为，心理学家们肯定该做些事了。他们必须弄明白，究竟该做些什么。卡特尔把当时的情形与之前50年奋战在电力领域的人们相比较。遥想当年，寻找答案的人们"相信，电力早晚有一天会变为实用，当务之急是，必须尽快更多地掌握有用的知识"。

其他从事智力测试的人则大言不惭地宣称，生理测试有用，可以和未来挂钩。波士顿的某人甚至还建立了一家事业预测和培训学校，承诺通过测试年轻人的"触觉、痛觉、视觉、听觉的反应灵敏度，以及联想时间等等"，选择与之相适应的事业进行定向培训。

不过，心理学家们终于开始怀疑，基于体格检查的智力测试是否管用。19世纪90年代，高尔顿的相关系数已经细化，使科学家们有了一种手段，通过统计来判断这些测试究竟能否检测出什么东西。人们不断增长的怀疑态度，以及改善了的统计手段，将建立在生理学基础上的智力测试推上了穷途末路。实际上，给卡特尔致命一击的是他带的一位研究生。对于数字，卡特尔总是要么找不着感觉，要么接近于如下说法：无论做加法还是减法，他总会出错。其实卡特尔清楚，他所崇拜的弗朗西斯·高尔顿早已发明了统计方法，可以用来分析他采集的智力测试信息。因此在19世纪90年代末期（其时卡特尔已经小心翼翼地对哥伦比亚大学的学生们和社会公众进行了10年测试），卡特尔终于下决心委托一位名叫克拉克·威斯勒（Clark Wissler）的研究生，对他搜集的体格检查数据和智力测试数据进行相关系数分析。颇具数学天赋的威斯勒受命比对了在卡特尔的智力测试中表现优异的学生是否也是学校里的好学生，如此即可对智力测试的综合数据进行确认。

用"感到灭顶之灾来临"这句话，也不足以准确地描述卡特尔在听威斯勒汇报分析结果时的感受。作了这么多年研究，一生的奉献，建立在实验心理学基础上的职业声誉，经历过这么多磨难之后，听到威斯勒说，他所作的智力测试与学术造诣之间没有什么特定联系，他能有另外的感受吗？

18世纪和19世纪之交，像今天一样，已经用数字表示关联性了。在变量系数中，+1表示完美的正向关联性，-1表示完美的负向关联性，得数为零（0），则表示变量之间没有任何关联。当然，在+1和-1之间，其关联性用级差表示。像物理学家一样从事硬科学①研究的人群，与研究社会学的科学家相比，更倾向于看到较高的相关性。可是，威斯勒计算出的数值实在是太低了，对"各种各样的测量数据有相互关联意义"的学说，连心理学家都难以启齿解释了。"不同阶层的人与反应时间的关联系数为-0.02，与色度识别的关联系数为+0.02，与双手握力的关联系数为-0.08。"这些相互关联系数值实在是太低了，其中的偶然性似乎大于必然性，事实上，它们之间没有什么关联。威斯勒甚至还测量了学生们头颅的大小，这样做也无助于预测学术造诣。实际上，不同的智力测试项目本身也没有关联性，例如，反应时间与色度识别的关联系数仅为-0.15，色度识别与动手速度的关联系数仅为+0.19。

科学进步——高尔顿亲手启动的科学进步，将智力测试者们的前途逼进了死胡同，恰如拥有卫星成像技术的今天，一帮人不合时宜地说："地球是扁平的。"威斯勒或许是聪明的，他将智力测试毁于一旦，便转向了人类学研究。卡特尔也另辟蹊径，放弃了实验心理学，成了《科学》杂志的编辑，并且创办了一家公司，他将其称之为心理会所（Psychological Corporation）。

临终之前，弗朗西斯·高尔顿将测试方法传给了世人，这事我们暂且放下不说。无论如何，他都是个广受尊敬和广受崇拜的人。1909年6月的一天，已经垂暮的高尔顿老人独自待在家里，当时的首相赫

---

① 即自然科学类学科。——译者注

伯特·阿斯奎思（Herbert Asquith）——像前首相威廉·格拉斯通一样，他也是个了不起的自由党人——给他送去一封密信，信中有这样一句话：高尔顿将在"女王陛下即将举行的生日庆典上被封为爵士"。

在写给某个侄女的信中，高尔顿这样调侃道："我必须活到11月9号，届时我会像鲜花一样怒放。"其实，弗朗西斯·高尔顿的生命又延续了两年，而他倡导的优生学以及他的主要测试方法之一，即智力测试，则随着历史的演进繁荣兴盛起来。

第三章

现代智力测试的诞生

19世纪到20世纪的转折关头，法国人埃尔弗雷德·宾尼特（Alfred Binet）拯救了命悬一线的智力测试。宾尼特进入心理学领域纯属偶然。以前他总是命运多舛，与他如影随形的总是失败，舆论对他也不友好。而他发明的测试方法奠定了现如今智力测试的基础。宾尼特22岁时，经历过一次精神失常，当时他在巴黎的拜里奥斯克区康复院进行康复——那是一处适合年轻、独立、富裕的知识分子进行康复的好去处。他精神崩溃的原因是，他深感学海无涯，自己苦学多年，却一事无成。像许多面临多重选择而乏人指点迷津的青年男女一样，宾尼特首先步入了法律界。这是个状态稳定、令人肃然起敬的领域，干这行至少不愁没事做。他甚至考下了律师执照，可是他始终也没有真正操持律师行业。因此他总结道：法律界不过是"选择最终职业前的临时行当"。

宾尼特脱离了法律界，考进了医学院，可是他过不了手术室这一关。他无法坚持下去，并非因为他见不得鲜血和脏器，而是因为他忘不了当医生的父亲。在他还是个孩子时，为了"治好"他害羞的毛病，父亲曾经虐待他，强迫他去摸一具尸体。

宾尼特一头扎进图书馆，依靠书籍自我恢复。在此期间，他对心理学着了迷。宾尼特在这一领域的学习是非正规的，自己找书阅读，自己动手作实验。他最初的试验全都以失败告终。最终结果证明，他在实验心理学方面根本没有出路——至少在初期阶段如此。他的失败如此显眼，如此让人瞩目，令他颜面尽失。

在一段长达20年的时间里，基于不完整的实验，宾尼特发表了一些文章，这严重损毁了他的声誉。尤其值得一提的是，他构思了一种荒诞的试验，涉及一个美丽的女精神病患者，一块马蹄形的大磁铁，以及催眠术。许多出版物对他的试验大加嘲讽。宾尼特的问题，一部分是由于他精力过剩：他是个写文章的高手，他发表东西挺顺手，比他鼓捣的科学方法强多了。出人意料的是，尽管他的个人经历和职业生涯糟得一塌糊涂，如今人们却把他当做心理学发展史上的巨人。基于前述那些实验，他在科学方面变得越来越严苛，他的结论也越来越保守。

19世纪80年代晚期，宾尼特的两个女儿玛德琳（Madeleine）和艾丽斯（Alice）都还未满5岁，那时他已经开始着手研究她们。他发表了三篇有关她们的文章，当时没有人意识到，这些是奠基性的文章。是的，它们事实上标志着对儿童心理学以及智力测试的重要贡献。像许许多多家长一样，宾尼特注意到，在非常幼小时，他的两个女儿已经在个性方面显现了极大的不同。玛德琳"学走路时，非要确定可以依靠的物体伸手可及，才会向前迈步"；艾丽斯则"正相反，无论有没有依靠，她都会不顾一切往前走"。

宾尼特利用当时的心理学知识测试两个孩子的能力，以及她们迥异的个性。当时，心理学知识有一部分建立在高尔顿和卡特尔的研究成果之上。他检测过她们的出手速度和反应时间；对于不同长度的线条，他测试过她们的识别能力；对于她们的许多其他能力，他也进行了测试。宾尼特将测试玛德琳和艾丽斯获得的数据与成年人作相同测试的数据进行比较，结果发现，但凡简单的测试，他的两个女儿的表现不弱于任何成年人。另外，只要孩子们能够集中精力，她们的反应速度和成年人难分上下。孩子们在大部分时间是无法集中精力的（有年幼孩子的人对此绝不会感到奇怪）。宾尼特由此得出了如下结论：孩子和成年人之间的主要区别在于集中精力的能力，注意力能否集中是智力发育的关键。这样说似乎没有触及问题的核心，不过，这对心理学的发展至关重要。人们突然之间意识到，透过身体的功能，心理学家已经可以看到更高层次的智力活动。原本对孩子的行为举止感兴趣的人，已经通过此种方法触及了人类的智能。

宾尼特发现，但凡涉及感知敏锐度的测试，他的女儿们都做得比成年人好，例如比对两条平行线的长度，比对物体的角度等。不过，需要注意的是，他的女儿们的语言能力还远不够成熟，不够细密，不够流利，无法和成年人相比。孩子们识别颜色和成年人一样快，不过她们无法准确地将其说出来。宾尼特的女儿对词汇的理解也仅仅停留在粗糙的功能阶段，例如，当他让她们定义"刀子"是什么时，她们会说是"切肉的"。依此类推，"盒子"是"往里放糖的"，"蜗牛"是"用脚踩的"，"狗"是"会咬人的"。

显而易见，如果孩子们在感知敏锐度测试中和成年人难分伯仲，如果他们的反应速度偶尔能和成年人一致，尽管心理测试的目标是测定智能，结果却偏离方向了。宾尼特因而认为，智力测试应当将孩子和成人加以区分，而高尔顿和卡特尔的测试却没有考虑这一点。因此，智力测试应当重点关注更高层次的推理、语言、抽象思维、综合认知等能力，而所有这些多亏了玛德琳和艾丽斯。

宾尼特之后的测试者们逐渐认识到，智力中枢存在于人的大脑中，他们需要测定的是人体这一器官的做功成果。根本不需要像高尔顿在英国伦敦国际健康博览会期间所做的那样，让被试者窥视镰刀形箱子里写着的刻在教堂内墙上的英格兰《圣经》片段，以便测试人们的视觉敏锐度；也不需要像卡特尔那样，测量人们展开双臂的延展度，用尖头橡皮顶住被测者的额头，以测试他们的痛感敏锐度。自宾尼特公布他的测试之后，心理学家们缩小了测试范围，越来越集中于人们的智能，而不再关注决定人生成败的知识亮点的跨度。他们还意识到，为了测定人们的智能，需要测试人们的想法。宾尼特的独到见解是前无古人的突破。

尽管在理论方面获得了突破，在整个19世纪90年代期间，宾尼特煞费苦心设计了一套两个小时的智力测试题，然而他的试题始终未得到社会的认可。不过，新世纪刚刚翻过一页，宾尼特在测试方面的探索碰巧与法国全社会最关注的一件事合上了拍。法国政府刚刚通过一项法令，要求全体适龄儿童至少接受数年教育。全民教育法的一个负面效应是，一夜之间，智力方面有缺失的孩子们也要进入课堂。在那之前，智力方面有缺失的孩子是进不了课堂的，因为事实明摆着，他们跟不上其他同学的进度——换句话说，他们的家长根本不会考虑送他们上学。如今，必须对智力方面有缺失的孩子们实施教育，教育工作者和学校管理当局不仅要承担责任，还要把这样的孩子识别出来。可他们手头没有有效的识别工具，以确定谁在这方面有缺失，谁没有缺失；如果真的有缺失，其程度又如何。法国政府随后成立了一个委员会，专门负责调研此事，宾尼特被任命为该委员会的成员。

100年前，由于法国需要相应的检测工具，当代第一套智力测试题诞生了。它发表于1905年，署名为宾尼特和身为研究员的同行希奥多·西蒙（Théodore Simon）。自从测试孩提时代的玛德琳和艾丽斯以来，宾尼特有了许多新想法，他将其全部融入这套测试题里。设计1905年那套试题的初始阶段，宾尼特和西蒙在山重水复中走入了绝境。一开始，他们采取撒大网的方法，将一大堆相同的问题摆在一组发育"正常"的孩子们面前，以及另一组经老师和医生们确定为"非正常"的孩子们面前。后来宾尼特发现，尽管这两组孩子的平均分数迥异，但是在回答某些特定问题时，非正常组的一些孩子甚至比正常组的一些孩子分数更高。也即是说，两组孩子的优势劣势互相抵消。作为检测工具，这些科目的检测精度因此打了折扣。

宾尼特和西蒙最终想出一个仅凭直觉就能判断其行得通的主意：他们将参试孩子的年龄考虑了进来。无论是智力发育不正常的孩子，还是完全正常的孩子，能否正确地回答某一特定问题并不重要，重要的是，必须考虑正确回答该问题的孩子们所处的年龄段。因此，宾尼特和西蒙决定，对于今后开发的新试题，能够答对题的正常孩子应当比迟钝的孩子年龄小。

宾尼特和西蒙为1905年发表的第一套试题设计了30道难度逐渐增加的试题。应试者如果连头几道题都做不对，其智力肯定相当迟钝。第一道题仅仅要求应试者两眼盯住一根划着的由测试者来回舞动的火柴。这样做既简单又好玩，因为，宾尼特和西蒙测试的是应试者最基本的能力，即能否集中注意力。接下来的几个题目是：区分黑巧克力和白木头块（然后吃掉自认为是巧克力的东西），剥开一块糖，与测试者握手等等。宾尼特和西蒙发现，发育正常的孩子在两岁时就能完成头几个基本题目。孩子们无论年龄大小，如果智力特别迟钝，均无法完成这几个基本题目，由此可以确认他们为白痴。

接下来的几个题目难度逐渐加大，孩子们须报出几个不同的身体器官名称，用功能定义诸如"叉子"、"马"、"妈妈"等日常生活用词，还须复述测试者说出的数字或简单句子。5岁左右的孩子即可完成这些题目。无论年龄大小，智力迟钝的傻子所能完成的测试最多就到此为止了。

最后一组问题是按照5岁至11岁孩子的能力设计的，难度当然就大多了，也抽象了许多。例如，测试者会要求孩子描述不同物体之间的区别，譬如说纸和纸板的区别，还要凭记忆画出图案，凭不同物体的外观按其重量排成序列，取"恭"字的韵造一些句子，等等。智力问题最小的低能（弱智）孩子也无法完成这一组题目，他们仅能正确地回答和完成其中少数几个问题。

宾尼特和西蒙的做法使老师们有了一种工具，用其比较心智年龄和实际年龄。如果某应试者做宾尼特和西蒙的试题的得分大大低于其实际年龄，即说明这孩子的发育有问题。宾尼特和西蒙还设计了一种用数字表示测试结果的方法，如果6岁的孩子能完成与其年龄相符的所有试题，即可得到6分。如果这孩子还能正确地回答为7岁孩子设计的试题，即可获得一些加分，其加分的方法为，这孩子可得到相应的小数分数（例如6.2分）。这种计分方法使宾尼特惴惴不安，因为他唯恐别人会认为，他的测试方法已经超越了实用，过于精确，过于科学。

宾尼特曾经这样论述："人们必须正确地理解，这些小数所占的评分比重如此微不足道，不足以让人形成绝对的信心，因为参加不同的测试，其结果会相差非常明显。"

和许多追随他的心理医生不同，宾尼特并不认为他所检测的是智力的"量"。智力测试与丈量和比较木橼子可不一样。他这样论述道：木橼子"确实可以丈量"，比如"这根是六米，那根是七米，还有一根是八米"。不过，论及测试人们能记住几位数，谁知道"能记住六位数和能记住七位数之间的区别，较之能记住七位数和能记住八位数之间的区别，两者是相同还是不同"。

年轻时的埃尔弗雷德·宾尼特曾经对一位精神病患者实施催眠术，在她身上摆弄磁铁。步入中年后，他变成了一位成熟、慎重、严谨的科学家。他最终功成名就，受人爱戴。但是，在智力测试历史上最为不幸的一次嬗变中，人们将弗朗西斯·高尔顿的优生学理论与宾尼特的出类拔萃的测试方法结合到了一起。

埃尔弗雷德·宾尼特潜心研究新的测试方法时，大约在同一时期，一个名叫查尔斯·斯皮尔曼（Charles Spearman）的英国人在理论上取得了突破，可以在很大程度上帮助智力测试者们将优生理论融入宾尼特的测试方法里。斯皮尔曼是个英国军官，他曾经在德国学过心理学。第二次英布战争（second Boer War, 1899—1902）时期，他曾经驻守英吉利海峡群岛——那是一处离南非战场相当遥远的地方。后来斯皮尔曼描述他曾经驻守过的地方，"形势严峻时期，由于法国态度暧昧，那处地方因此相当重要"。

斯皮尔曼清楚，人们对那场战事有其战略考虑。他驻守的地点正好挨着"一所乡村学校"。由于受弗朗西斯·高尔顿著作的"启发"，他开始在当地的学生们身上作实验。为了认定不同的智能相互间是否有关联，智力与感觉识别能力是否有关联，他所作的研究跟美国的哥伦比亚大学的詹姆斯·卡特尔和克拉克·威斯勒所作的研究类似（然而，当时他对这两人的研究并不知情）。与当年的那些研究者不同，斯皮尔曼发现，从统计学上说，不同的智能和感知能力之间确实有重要的关联，例如，在不同的学科（古典文学、法语、英语、数学等）里确实有级差，识别不同音高的能力和辨别不同重量的能力也有其统计学上的关联。

最为重要的是，斯皮尔曼发现，在努力的过程中动脑筋越多——例如，与区分不同音高的能力相比，学习古典文学更需要动脑筋，越能够准确地预测有思想内容的活动。因此，古典文学的级差与法语、英语、数学（由高到低依序排列）的级差关联相当密切，与音乐的级差却没有那么密切的关联。基于这些研究成果，以及后来在其他方面的研究，斯皮尔曼认定，只要牵扯到动脑筋，每个人身上起重要作用的肯定是"常规智力"。

自斯皮尔曼之后，直到今天，大多数心理学家认为，人们的常规智力指数（简称 g 指数）的高低，决定了他们将来是否会和母亲争辩，是否会设计幽默的广告语，是否会研究物理学，是否会踢足球。不过，正如斯皮尔曼的海峡群岛实验向人们揭示的，测量常规智力指数，仅仅在人类的某些行为领域显得相对重要，而不是所有领域都那么重要。例如，古典文学领域的得分情况可以很好地预测其他领域的得分，因此斯皮尔曼认为，这一领域"常规智力指数"的分值越高越好。从另一个层面说，作为足球运动员，更需要的则是"特定智力"——反应机敏，这对从事足球运动很重要，比常规智力更重要。斯皮尔曼将其理论总结为智力双要素，即常规智力和特定智力。

斯皮尔曼创立了理论，却没有设计测试智力的考试。然而他深信不疑，测定常规智力指数最好的方法是"通过漫无边际地大量测定人的各种能力，将结果汇集起来"。他认为，各种测试的平均值，能够大致上反映人们的常规智力。斯皮尔曼写道：方法看起来很没规律，不过这是测定人们内在能力的最好方法。

"这种方法，原则上是大杂烩，看起来像是才思枯竭时最杂乱无章和最一无是处的方法，实际上却有着最厚重的理论基础，在实用方面也达到了顶峰。"

对人们的各种能力进行"大杂烩"式的测试，将结果汇总，即可对基于人们内在能力的指标进行评估。"人们可以……考虑设立一种最低限度的常规智力指数指标体系，以决定投票人是否具有合格的议会投票权。更为重要的是，是否有权进行生育。"对于人们如此应用他的理论，斯皮尔曼本人并未作过什么表态。不过，人们不难看出，其他优生学的倡导者们必将用他的理论大做文章。

斯皮尔曼第一次公开发表智力双要素理论一年之后的 1905 年，埃尔弗雷德·宾尼特与其合作者希奥多·西蒙恰到好处地独立开发出了一套"大杂烩"试题，包括鱼目混珠般夹杂在一起的各种问题，其最终得分为综合分数。不仅如此，这套新试题主要测定的是人的动脑筋的能力，而不是人的感知敏锐度，这与斯皮尔曼测定常规智力的想法如出一辙。虽然宾尼特和西蒙两人并不相信他们的测试方法能够测出每个人内在的智力，由于有了斯皮尔曼的实验和智力双要素理论，绝大多数心理学家却坚信这一点。尽管总会有极少数人发出反对的声音，但是自那时以来，这种混杂了多学科的测试形式和常规智力概念一直在心理学界居主导地位。

第四章

智力测试的美国浴火

尽管埃尔弗雷德·宾尼特创造了新的智力测试方法，因此成为著名的实验心理学家（他最终在法国巴黎的索邦大学出版了自己的刊物，拥有了自己的实验室），但是那些测试套题发表多年后，他在美国却依然不为人知。不知何故，没有哪个美国人注意到1905年那套测试题，即使某个美国人注意到了，也没把它放在眼里。美国人的问题由来已久——他们正沿用自己的方法诊断有智力缺陷的孩子们，他们根本没有认识到宾尼特测试套题的实用性，然后将它们带到大西洋彼岸的美国。当时美国正面临着巨量的新移民涌入，众多学校也因为新来的学生色彩杂陈而不堪重负。所以，智力测试在美国有着坚实的存在基础。

由于发现了宾尼特的测试套题，随后促进其广为使用，亨利·赫伯特·戈达德（Henry Herbert Goddard）名扬四海。数年之后，他这样记述道："我得知宾尼特的研究成果，纯粹是出于一系列偶然的运气。不知何故，我手头出现了一张签着我根本不认识的某个奥地利人M·C·斯库滕（M. C. Schuyten）名字的印刷品。还好，当时我没有把它随手扔进字纸篓。"

得到上述单页印刷品时，戈达德41岁，当时他不过是个普通的心理学家，而且在新泽西州刚刚入行未久。世纪之交以前，他一直在美国宾夕法尼亚州的威斯特彻斯特师范学院工作，与其说他是个心理学研究者，不如说他是个教育工作者。1906 年，他在新泽西州的瓦恩兰德低能儿童培训学校工作，是该校心理研究部的唯一成员。

戈达德的学校是心理学领域的一泓死水。它坐落于新泽西州南部平原地区的农田里，有一座斜顶的办公楼，周边散落着几座农家的房屋。无论怎么看，这处地方都不像是什么社会活动的发祥地。不过，这所学校的智力测试实践活动必将彻底颠覆现代工业社会诸如学校、军队、企业等等招聘人员的方法，在某些特例中，甚至还影响了一些人在医院和法院受到的待遇。

对于满怀宗教虔诚的教育工作者来说，如果认为学校的任务应当包括培训智力有缺损的儿童，瓦恩兰德学校即是一处适宜的场所。州政府管辖的学校都拥有毫无个性的高大建筑，上千的孩子，然而学校的氛围却很压抑。瓦恩兰德学校可大不一样——这所学校的学生永远只有两三百人，校园里洋溢着向上的基督徒式的爱心。学校的座右铭是："只要感到幸福，阳光洒满人间。"

爱德华·约翰斯顿（Edward Johnstone）校长对他的学校作如是评价："我们有个秘密小圈子，口令为'我们是圈内人'，回答是微笑。无论在学校的什么地方，如果某个人显得很生气或很悲伤，肯定会有人走上前笑着问：'你是圈内人吗？'你只好回报以微笑，因为你和周围的人一样。"

受约翰斯顿的邀请，亨利·戈达德于 1900 年第一次参观了被誉为"幸福村庄"的瓦恩兰德学校。戈达德以前从未有过和低能儿童在一起的经历。不过，约翰斯顿注意到，戈达德很快就和孩子们混熟了。约翰斯顿觉得，从戈达德说话的方式看，好像他"以前就习惯于和低能儿童交流"。戈达德能够忍受瓦恩兰德学校那些幼小、怪异、总是被人忽视的孩子们生硬的说话方式，极有可能是因为，他小时候曾经有过一段特别孤独的日子。他很小的时候父亲就去世了，他母亲穷到了一无所有，信了教。他12岁那年，母亲为了参加世界各地教友派信徒的会议，把他送进了普罗维登斯教友派寄宿学校。尽管学校的设施很有档次，维护良好，接受住校教育的可怜孩子戈达德仍然将那一时期的经历描述为"教友派监狱"。

1906年，约翰斯顿邀请戈达德到瓦恩兰德学校创办心理学实验室。虽然瓦恩兰德作为学校名不见经传，但是来这里工作，戈达德能够脱离教学，进入研究领域。所以，他接受了邀请。1906年9月，戈达德来到一个空荡荡的大房子里，这里将成为他的实验室。他的第一项任务是，拼凑出一个巨额预算，采购当时的先进科技设备。戈达德在日记中描述的那些仪器，跟高尔顿和卡特尔时代所追求的技术和技巧有着异曲同工般的相似之处，而同样的东西几年前曾经在哥伦比亚大学遇冷。戈达德是这样描述如何制造肌力描记器的：一架精巧的装置，有许多滑轮和铸铁砣，用于测定肌肉的力量。

"连线的一头接在节拍器上。"这句令人费解的话出现在戈达德日记的某一页的开头。接下来的一句话是："这是用来测量意志力的。"为了测量肺部的能力，他购买了一台肺活量计，要么就是自己组装了一台；另外还有一台自动记录仪（包括一块板子，受试者可以将两只胳膊放在板子上，一只手握住板面上的铁笔，以便测试被动运动的能力）；还有一台测量手部力量的测力仪。

戈达德发现，让低能儿童配合他工作，是一件难上加难的事。与其他孩子和大学生们不一样，戈达德所面对的许多孩子不会说话，也不听话。更糟糕的是，即便他能够完成各种测试，其结果也没有参照物进行比对。戈达德所作的测试没有标准：没有一套公认的数值作为参照，以便利用测得的分数判定哪些孩子正常，哪些孩子低于正常值。

正如此前宾尼特和卡特尔经历的那样，戈达德终于认识到，心理测试根本没用。卡特尔利用刚刚诞生的统计方法认识到了这一点,戈达德则利用一种简便而特殊的方法认识到了这一点。戈达德充分利用各种设备对学生们进行测试,然后让瓦恩兰德学校的老师们对学生们进行评估。基于数年来和学生们同学习同生活,老师们对学生们的情况了若指掌,而他们对学生们各项能力的评价与戈达德检测的数据根本画不上等号。

这一时期,智力测试在美国已然停滞不前,并且毫无用处。数年前,卡特尔就已经认识到,他的测试方法毫无用处。尽管当时对此已有定论,有用的替代方法却仍未面世,因而人们不管不顾地沿用着社会上流行的老旧方法。直到1908年,戈达德仍未找到出路,他只好乘船赴欧洲一游,去看看那里的科学家和教育工作者们如何应付相同的局面。然而,他最初的所见所闻令他极为悲观,在欧洲,为低能儿童设立的机构比他想象的少得多。

他在日记中写道:"法国没有智障人收容所,德国没有智障儿童幼儿园,巴勒斯坦连慈善机构都没有!一切都还是老样子。"

他甚至没有前去拜访大名鼎鼎的埃尔弗雷德·宾尼特,当然也就没有参观他的实验室,因为其他法国心理学家事先告诫过他,还是不要去的好。他曾经在日记中这样写道:"宾尼特的实验室在很大程度上已经成了人们的笑谈。"归根结蒂,问题出在宾尼特自身,他手头掌握着当时最好的测试方法,然而他过于固执己见,脾气又暴躁,这些足以败坏他的名声,阻碍他的思想广为传播。结果是,戈达德拿到手的最新测试套题并非直接来自宾尼特本人。

不过,也是通过这趟欧洲之旅,戈达德从一位比利时的无名之辈那里得知了宾尼特1905年发表的测试题。比利时人给了他一页宣传材料,上边有关于宾尼特的成果以及关于测试题的描述。这些内容促使戈达德摇身一变,从美国新泽西州偏远地区的一个默默无闻的心理学家，成为享誉世界的心理学家。

　　返回新泽西时，戈达德最终还是得到了这趟欧洲之旅想得到的东西：一种诊断低能儿童的新方法。他把宾尼特的试题翻译成了英文，在瓦恩兰德学校的学生们身上作起了试验。为验证这种新方法的效果，他像此前比对采用仪器测出的数据那样，把考试结果和老师们的判断进行比对。其结果使他喜出望外。戈达德终于发现了有效的诊断方法。宾尼特和戈达德的不同点在于，前者并不相信能够测出人们固有的通过遗传继承的智力，而后者对此却坚信不疑。戈达德应用了简易的社会评价方法——老师们的观点，他因此宣称，用生物方法测量人们称之为"智力"的东西，可以通过社会评价的方法加以验证。

　　宾尼特用等级对智力进行分类，可谓适逢其时，正好赶上美国巨大的社会需求，因而"智力"对社会的影响才如此深远。能够将社会上的人群按照类型系统地、近乎自动地加以区分，这种机制正是20世纪初期的美国最需要的。

　　戈达德首先将工作重点放在劝说医学界使用他的试卷上。20世纪伊始，医生们对诊断智障病人几乎束手无策。令人诧异的是，直到临近20世纪，医生们才开始对智力迟钝的人给予更多的关注，因为精神病人对医生的吸引力更大。既然有疯子可供医生们研究，何必去管那些呆傻的人？我们全都听说过疯人院——关疯子的场所在英国有着悠久的历史，不过对于脑子不好使的人，却没有相同的著名机构进行管理。像阿甘那样的角色只是有时候才出现在大众喜爱的文学作品里，而精神错乱者——心理变态杀人狂、受幻想折磨的天才艺术家、超级聪明的疯狂科学家——比聪明的白痴出场频率高得多。人们习惯性地将疯子、天才、创造性等等联系在一起，对身边的傻瓜却视而不见，他不过是脑子有点儿问题罢了（正如"身边的白痴"所揭示的，人们对智力不正常的人早就有了充分的认识）。

18世纪欧洲启蒙运动时期，法国医生们在研究痴呆方面确实作过一些努力，不过他们没有取得什么进展。法国人除了制定出一些术语，再没有其他值得称道的事了，这一状态一直持续到19世纪末期。埃尔弗雷德·宾尼特对医生们的诊断术语不感兴趣，他还试图让医生们认识到这一点。这成了医学家不喜欢宾尼特的原因之一。

宾尼特的论述是："他们的规则之含混，暴露出他们的思想有多么含混。他们依靠特征作判断，而特征总会带有'或多或少'的不确定性。他们听任自己受主观意愿支配，而他们并不认为有必要对主观意愿进行分析。"

当年的医生们把长着小脑袋的孩子称做"小头病"，把颅骨大于常规的孩子称做"脑积水"（字面意思为脑子里有水）。他们还常常提及"白痴"、"癔症"、"智障"、"蒙古傻"——一看见他们的眼睛，就会让人想起亚洲人。不过这些词汇没有一个是精确的，人们常常无法透过这些词汇的词义看出病理方面的信息，它们不过是体征方面的简单描述罢了。

让医生、教育家、心理学家们最为诧异的是，一些人表面上没有任何病状或缺损，由于某些莫名其妙的原因，在认知方面，他们却有着某些不足。有些孩子无论怎么开导也不会阅读，这是为什么？有的孩子在交往方面显得迟钝，所有学科都差劲，而用脑子计算巨量的数字却有着过人之处，这又是为什么？到了20世纪之交，在教研机构里工作的医生们身边不乏这样的孩子，他们置这样的孩子于不顾，却为上述词汇的语义一直争论不休。

宾尼特坚持认为，医生们根本认识不到，智力缺陷是心理问题的结果，而非生理问题。宾尼特进而指出，由此不难看出，智力缺失应当用心理学词汇定义，而非生理学词汇。对医生们来说，甚至对多数旁观者来说，这是一种全新的提法。

美国的医生们的本事是从法国人那里学来的,因而在区分智障人方面,美国人也显得没什么办法。1877年,美国医学会(Association of Medical)的官员们在定义"白痴"和"傻子"时是这样说的:他们是"在智力、活力、道德的自然与和谐发展方面有缺失的"人群。如果你碰到的情况和戈达德在瓦恩兰德学校碰到的情况一样,要管理和研究两三百个智力有缺陷的孩子,上述定义就显得苍白无力了。

在瓦恩兰德学校的学生们身上试验宾尼特的等级制一年之后,戈达德已经作好了充分的准备,他要向美国的医学院校研究智力缺陷的医生们介绍他的研究结果了。对学术界来说,在20世纪初期迈出的这一步非常重要,因为研究智力缺陷的主力仍然是医生们。心理医生往往被人们看做未经良好训练的暴发户。戈达德和美国的心理学是幸运的,在说服医生接受一种新的分析方法方面,戈达德精心策划的不具威胁性的、温和的处事方法与宾尼特难缠的、咄咄逼人的风格相比,效率高了许多。其结果是,在研究智力缺失的领域,心理学作为一种全新的职业,在美国学术界获得了一席之地。这看起来没什么了不起,不过,作为一种全力以赴向全新领域进攻的职业来说,这是心理学已然占领的一小块滩头阵地。

在1909年美国低能人研究会(American Association for the Study of the Feeble-Minded)的年会上,戈达德非但没有采取咄咄逼人的姿态,反而道出了自己的担忧。他称呼大家为"我们",意指所有到会的,以及姑息现有智力缺陷诊断方法的医生们。他这样说话,可谓借用了政治家的精明,效果奇佳:无法快速和有效地诊断病人,面对这种束手无策的状况,医生们感到非常沮丧。戈达德在年会上简单地试探性地介绍了宾尼特的方法,称其为可供选择的"一套智力测试方法,可成为一种全新的分析方法的基础"。

戈达德的说法立刻受到了热烈的追捧。他的演讲结束后,一位医生从修辞学的角度向在场的医生们提出了问题:"一个现成的例子是小头病和脑积水——这两个词是什么意思呢?"他认为,它们不过是描述脑袋大小的名词而已,与特定的疾病没有任何联系。他接着说,与此相同,"从病理学上说,蒙古傻没有任何确切的含义,它不代表任何病态。对于智力问题,目前我们还没有病理方面的分析方法"。

对自己人里出了个爱指责他人的心理医生,与会的医生们非但没有感到生气,他们反而认为,戈达德是对的。因此他们组成了一个委员会,以便寻找更好的诊断方法。年会结束后,委员会成员各回各家,这件事也就随之被置之脑后了(简而言之,谁在乎委员会这份工作呢?),这反倒帮了戈达德的大忙。在两次年会之间,唯有戈达德在分析智力低下人群方面提出了一些想法。事实上,在上一届委员会的成员中,唯有戈达德参加了研究会于1910年举行的另一届年会。这显然是一种巨大的优势:作为坚定的拥护者,第一次介绍宾尼特的测试方法一年之后,当组委会要求其向大会作详细报告时,戈达德以委员会的名义,将自己的想法向大会作了明确而有力的说明。

戈达德以一篇题为《应用宾尼特的方法分析400个智力迟钝的孩子》(Four Hundred Feeble-Minded Children Classified by the Binet Method)的论文,全面阐述了自己的观点。论文的要点是,老师们的判断可以作为支持新测试套题的依据。向大会作报告一天以后,研究会接受了宾尼特的套题作为分析智力迟钝者的方法。多漂亮的特洛伊木马战术!在医学界,甚至在心理学界神不知鬼不觉的情况下,戈达德大获全胜。测定人的大脑——至少可以说测定智力迟钝者的脑子,话语权将从医生手里转到心理学家手里。

戈达德的成就前无古人。怎样描述智力迟钝的人,学院派的医生们第一次有了大家都能接受的词汇,也有了测定智力缺失征兆的统一方法。如今看来几乎明白无误的是(这恰恰证明了戈达德的成功),

脑子有缺损的人智力有缺失，而这种缺失可以通过智力测试来测定。如今的医生们还有办法对智力测试的分数进行定义："白痴"指的是比两岁孩子的平均智力水平还低的人；"傻子"指的是智力分数在3岁到7岁之间的人；智力缺陷最小的人（法国人称之为"弱智"，美国人不这么说，美国人用的是戈达德创造的一个词，叫做"低能"，这是对"愚人"的一种委婉的称谓，因为戈达德认为那个词太刺耳）的得分在8岁到12岁的心智水平之间。

医生们凭直觉就能接受上述想法。正如位于美国明尼阿波利斯市附近的某机构的负责人A·C·罗杰斯（A. C. Rogers）医生所说："对不同年龄段的正常孩子的行为和能力，人们司空见惯了，难道世上真会有人理解不了这个？用发育不成熟的孩子的思维和正常人的思维进行比较，还有比这更自然、更合理的事吗？"

这是智力问题深入大多数人日常生活的第一步。而智力问题过去仅限于专家学者的范畴。

20世纪70年代，心理学家弗朗兹·塞缪尔森（Franz Samelson）曾经论述道："智力测试带动了概念范畴的变化。"他还写道："智力本是推理的表征，而智力测试改变了人们对智力的认识，从'虚无缥缈的'创造性力量，变成了实实在在且明显具有价值取向的差异化个体。所谓差异化，即是对诸多精灵古怪的小问题或多或少作出基本的甚或是'可操作的'正确解答。"

在美国，这一生发于文化海洋里的变化起始于戈达德在美国低能人研究会所作的推广。戈达德具备微妙的、娴熟的社交能力，不过，他也碰上了好运气：他大力推广法国新式考试套题之时，正好赶上美国舆论界和现实生活中的一股强大的社会需求。

20世纪初期，智力低下的人们漂移的身影好像随处都能见到。想找他们找不到，社会却由他们带来了贫困、卖淫、层出不穷的犯罪等等，因而背上了越来越沉重的负担。大约与此同时，人们开始将智力和道德层面联系起来：例如"问题女孩"（性事频繁的单身女性）和种族纯洁等等。也就是说，人们相信，智力迟钝的人们恰恰由于他们智力低下，更倾向于犯罪，进而成为社会的负担。正因为如此，自19世纪50年代以来，"白痴学校"在美国遍地开花；20世纪初期，作为预防社会危机的一种手段，为智力低下人群设立的社会福利机构已经越来越醒目了。

1904年，美国加利福尼亚州的索诺玛州立医院负责医疗的院长向州政府的一个委员会作证时说："我认为，智力有缺陷的人群未能像精神病人和犯罪阶层的人们那样受到州政府的重视。为了公众的安全，政府应当将这些人关起来，管起来，以避免他们数量增加，以终止他们源源不断地进入我们的监狱、少管所、疯人院。"

亨利·赫伯特·戈达德在恰当的历史时期发现并翻译了埃尔弗雷德·宾尼特的测试套题——及时利用了社会对智力低下人群的恐惧。戈达德和其他智力测试者们站在了这一运动的风口浪尖，将智力低下人群与世隔绝起来，因为他们拥有穿透人们外表的工具，拥有科学的方法，以测定什么人正常，什么人智力低下。

支撑优生运动的一个极其荒诞的论点是，人类难以遏止智力低下的父母把基因遗传给下一代。亨利·戈达德用头发的颜色解析了智力低下和遗传。他是这样描述的："正如红色头发的人无法生育出黑色头发的后代一样，无论施以多少教育，创造多好的环境，都不足以让智力低下的个体成为智力正常的人。"

戈达德于1912年出版的《卡里卡克家族：低能遗传之研究》（*The Kallikak Family*：*A Study in the Heredity of Feeble-Mindedness*）一书，将人们对"智力低下人群的威胁"之恐惧推向了高潮，使优生学似乎有了科学依据，因而支持了优生学。这本书在优生领域独领风骚，它使戈达德名扬四海，使智力低下人群多年来饱受攻击，同时也左右了全世界的科学家们。据说戈达德通过这本书证实，新泽西州瓦恩兰德低能儿童培训学校的德博拉·卡里卡克（Deborah Kallikak）——这是一个女孩的假名，上溯她的六代先人，多数都智力低下，因此才有了她。戈达德的观点是，这些先人们早就应当停止这一难以遏止的智力低下基因向下遗传，以阻断其遗传给可怜的年轻漂亮的德博拉。

为写作上述著作，戈达德的研究主要是得力于一位名叫伊丽莎白·凯特（Elizabeth Kite）的女性。她是个狂热的并且充满想象力的调研员，戈达德雇用她长达数年之久。令人匪夷所思的是，伊丽莎白调查清楚了上述女孩的480位亲属的智力状况，而这些人当中的多数已然过世。凯特用的是极端间接的方法：多数情况下，她无法直接让卡里卡克的亲属做智商测试题，因此她往往通过这些人的行为探知和确定他们的智力。当这样的方法无法奏效时，她只好依据有关这些人行为和能力的道听途说作判断。为获取信息，凯特在新泽西州四处穿梭，拜访活着的卡里卡克家族的成员。为确定过世者的智力信息，她搜集了他们家族成员的回忆、过世者的工作记录、婚姻状况、健康状况，甚至还有一个极端的例子：凭借家庭传承的家具的状况作判断。

凯特喜欢自己的工作，她是这样说的："一直以来，有智力缺陷的人也相信，老话假不了，施与的人比索取的人更幸福。"不过，即便她调查的对象是智力有缺陷的人，她也不会告诉对方，她来访的目的是评估他们的智力。一旦说出宾尼特的测试套题，她就会暴露身份，因此她的智力评估必须在社会交往中进行。凯特清楚，她的方法并非十分科学。"在多数诊断场合，我确实是在主观臆断人们的智力状况，"她坦承道，"尽管宾尼特强烈反对采用这样的方法。在各种场合，他的诊断方法和我的方法都会相互抵触。"凯特仍然沿用自己的方法进行调研，凭自己的判断从遗传学角度将调查对象分为"智力正常"或"智力低下"，而她的老板亨利·戈达德则默认了她的方法。

理所当然的是，凯特无法让死去的人做宾尼特的测试套题。为了跨越虚无的时空，她采用了一种非常科学的方法。对于其科学性，她特别有把握。"经过一些实验，"戈达德在《卡里卡克家族》(*The Kallikak Family*)一书中这样记述道，"在推断无法接触的人们的智力水平方面，调研员已经成了专家。从人们描述死去的人所用的语言，以及描述她所遇见的人所用的语言上，她从语言的相似性方面找到了突破口。"换句话说，人们谈论印象模糊的死人时，其说法和谈论活着的傻瓜笨蛋一模一样。聪明人有好工作，而智力不足的家伙只能干不足称道的工作。对戈达德和凯特来说，即使评估对象已经是好几代人以前的先人，没有一个活着的人了解其真实状况，此人的声誉和社会地位也足以支持他们用科学方法测定其智力。再者说，弗朗西斯·高尔顿曾经以人的声誉为媒介，了解其内在的能力。因此，这也不失为一种值得推崇的研究智力的实践。

经过两年调研，上溯了六代人，卡里卡克家族成员的祖宗们全都和美国独立战争时期一个共同的先人关联上了。戈达德和凯特对此发现大为惊讶。"令人惊叹和恐惧的是，无论我们从哪里着手追溯卡里卡克家族的成员，无论是在富裕的乡下地区，还是在这一家族的某些成员进城后居住的贫民区，甚至包括深山老林里，无论是第二代还是第六代，超乎想象的智力缺损现象存在于这一家族在各个地区的成员中。"戈达德和凯特还发现了"确凿的证据"，在独立战争时期一个共同先人的后代中，有143人智力低下。他们找到了其中291人的诊断书，同时他们也非常确信，这些人不是"邻里眼中的好人"。他们还发现，德博拉·卡里卡克的家谱中仅有46人完全正常。

在卡里卡克家族中证据确凿的智力低下人群里，计有36位私生子和私生女，33位妓女和其他性放荡者，3位癫痫患者。另外还包括82个婴儿死亡案例，3个罪犯，人们评论其"房子里龌龊不堪"的祖先共有8位。更为糟糕的是，这些智力低下的人还与其他家族通婚，致使其他家族多达1146位成员深受智力低下基因的侵害。

有关卡里卡克的信息再清楚不过了：允许智力有残缺的人成长，可计算的社会成本非常高。全美国和全欧洲的读者们全盘接受了戈达德的学说，没有人对他的方法、假设、结论提出异议。他们更希望知道，为防止有污点的智力低下基因扩散，社会能做些什么。一些人倡导杀掉所有白痴以及智力低下人群里最傻的人。而戈达德本人将这些人称做"令人讨厌的不幸的人们"，他不赞同极端的社会举措。戈达德希望将智力低下人群关起来和隔离起来，然而他对瓦恩兰德学校的学生们却呵护有加。将他们杀掉，作为一种选择，并不符合他的基督徒价值观。更为重要的是，面对白痴，人们不应当感到过于忧心忡忡，因为他们很少出现在大庭广众之中，对异性也没有潜在的吸引力。

"他们确实让人讨厌，"戈达德如是评价白痴，"想照顾他们，人们都会感到无所适从。然而，他们自己会过日子，直到生命终结。他们不会延续自己的族群，生出一串像他们一样的孩子。"

戈达德坚信，更为重要的是，在智力低下的人群中，问题最少的低能人是社会应当永远关注的生命体。因为，表现良好的智力迟钝的人总会被人们当做正常人。德博拉·卡里卡克的照片印在戈达德作品的封面上，这幅照片从视觉上证明了戈达德的论据。这是德博拉在周日学校处于最佳状态时拍摄的一张照片，在瓦恩兰德学校某间屋子的角落里，德博拉端坐在一把木质的椅子上，脸上挂着青涩的笑容，头上扎着一只硕大的蝴蝶结，手里捧着一本书，还有一只猫卧在她的膝盖上。虽然照片上的德博拉·卡里卡克看起来很漂亮，似乎很柔弱，实际上她对社会是一大威胁。人们应当关爱她，对她施以同情，同时人们也应当保持警惕，不要让她残缺的智力低下基因遗传给后代。

戈达德让德博拉参加宾尼特的智力分级测试时，她表现得相当差。例如，戈达德问她"12减3等于几"时，她能够准确地回答"9"，不过，她花费的时间长了些。另外，动脑子思考问题时，她的目光总是在屋子里四处逡巡。

"做对题之后，她洋洋得意地说：'知道我是怎么做的吗？我是掰着手指头数出来的！'"

1910年和1911年，戈达德经过反复测试后发现，尽管德博拉已经20岁了，她的得分始终停留在9岁孩子的智力水平。正如埃尔弗雷德·宾尼特所说，他们像孩子们那样认字，依靠物体的用途进行判断。"叉子是用来吃饭的。"她经常这样说。"椅子是用来坐的。"依照物体的重量排序，她做不来；给她三个词让她造句，她也做不来。

"这是智力低下人群中问题最少的人最典型的智力状况。各劳教所里充斥的都是这样的低能人、违法者、问题女孩和问题女性。"戈达德在他的书里这样论述道，"他们无所顾忌，他们招惹各种是非，陷入各种困境，有关性的，还有其他种种……这也是公立学校里同类型的女孩子们长期以来的问题。她们长得漂亮，看似聪明，许多方面招人喜爱，因此老师们常常希望，甚至坚持认为，这样的女孩最终不会出什么事。而我们在德博拉身上所做的一切证实，这样的希望都是错觉。"

戈达德认为，如今，像德博拉一样接受管制的人还远远不够多——仅有十分之一而已。他因此倡议，将其余的人都找出来。"我们需要将如今仍然活在世上的这种人从每个角落里找出来，把他们看管起来，以确保他们不再繁衍后代，不再使问题更加严重，不再因为智力不足对社会做傻事，因而丢掉生命、财产，伤及风化。"这样做看起来代价不菲，不过"这种关照智力低下人群的场所……可以大量取代如今的私人救济院和监狱，精神病院里的患者数量也会因此大量减少"。另外，只要智力低下人群停止繁衍，他们的数量会从30万锐减到不足10万，"数量甚至会更少"。

"来自智力低下人群的威胁"成了全美国热议的话题，部分原因源自戈达德的《卡里卡克家族》一书。20世纪初期，各州看管智力低下人群的场所都得到了扩建，新的场所如雨后春笋般在各地冒了出来。有些州甚至建立起了流动诊所，深入各个公立学校推行智力测试。无论家长反对与否，得分低于正常值的孩子都有可能被送进扼杀灵魂的场所，以便社会保护人口中的大多数。

如今医生们已经被说服，接受了戈达德的测试方法和他对智力的阐释。戈达德下一步要做的是，将宾尼特的测试套题在学校推广，这样一来，心理学将获得更为广阔的（最终也会是更为有利的）活动空间。不管怎么说，最适合进行大规模智力测试的场所莫过于学校。在学校测试，受影响的人数也会达到最大化。戈达德的幸运之处在于，与19世纪相比，美国的校园生活已经非常错综复杂了，因此，对人群进行分类的方法成了急需。在世纪之交，各色人等和各种思潮涌进了学校，尤其是位于城市的学校，而学校需要对这些人进行分类和组合。

19世纪末和20世纪初，美国学校的发展非常迅速。这其中有三个原因：首先，像法国和欧洲其他国家一样，美国的许多州实施了全面覆盖的义务教育法。这一趋势始于19世纪50年代，人们要求一些学校将孩子们的学龄加长到14岁。大约在20世纪，工会激进主义者、教育改革家和慈善家们开始力推更为严格的义务教育，学生们在校的时间更长了，天数更多了，义务教育的年龄更为向后延伸了，其根本目的是为了减少童工的数量。

学校的管理者们对当时的教育形势并不满意。1919 年，斯坦福大学教育系颇受争议的负责人埃尔伍德·丘博尔利（Ellwood Cubberly）曾经抱怨说，全面覆盖的义务教育让学校背上了负担，"那些逃学的孩子和不可救药的孩子，若是放在从前，早就自行离校或者被开除了。还有许多孩子出生在国外，对读书和学习毫无兴趣；另有许多孩子智力水平成问题，对课堂教育无动于衷"。

其次，在校生的数量迅猛增加。因为人口从乡下流向了城市，农业机械化使用工数量迅速减少，城市工业的工作岗位吸引人们离开了土地。

再次，由于移民涌入，美国的人口迅速增加。停靠纽约港的每一艘大型客轮都会带来上千名新学生，他们中的大多数来自人们瞧不起的南欧和东欧地区，他们都没受过什么教育。

第一次世界大战之前的 25 年间，在美国公立学校注册的学生增加了 50% 强，从 1890 年的 1 270 万增加到 1915 年的 1 970 万。与此同时，高中第一次变成了公共教育系统的组成部分，致使在高中注册的学生数量增加了近 6 倍，从 1890 年的 20.3 万增加到 1915 年的 130 万。当然，除了人数的增长，办学成本的增加也超出了控制，从每年 1.4 亿万增长到每年 6 亿。

数量、差异性、办学成本的增加，对美国中小学产生了深远的影响。时至今日，人们仍然可以感受到这些影响。作为吃螃蟹的人，人们的目标变了。19 世纪，上高中的人极少，但凡上高中的学生，基本上都会接着升入大学，高中生就是为进一步深造作准备的学生。这种情况到 20 世纪就变了，差不多所有的孩子都要上高中，学校自封的目标是培养人们的工作能力、生活能力。对新到来的移民们而言，是培养他们取得美国国籍的能力。

办学成本和学生数量的不断增长，迫使学校的管理者们以工业化和现代化的方式提高效率。美国学校已经开始按照学生们的年龄分班——学生们无论年龄和性别混编为一个班的现象，到19世纪中叶基本上已经不复存在，在这一阶段，按照社会阶层和居住地分班得到了迅速普及。为了有效地管理学校，人们普遍认为，必须按照公平的原则和绩效比，对学生们进行排序和分类。

最后，比上述各种统计数据更为重要的是政治压力。在学生数量爆炸式增长的过程中，对"拖后腿"现象的全国性大辩论爆发了。各种研究和各种时评文章发出警告说：太多的美国学生落后于年级水平，把其他同学都拖住了。例如，研究者们发现，马萨诸塞州梅德福市7%的学生"超龄"——这是当地人的说法，更为令人诧异的是，田纳西州孟菲斯市竟然有75%的学生如此！突然之间，超龄学生——那些大龄学生像老式火车的尾车一样拖累着全班，而他们似乎根本学不会读书和写字——成了社会问题，尽管在那之前，学生们无论年龄和性别混编为一个班的现象与政治现象共和一样高龄。教育专家们开始以全新的和否定的方式谈论这种情况，他们开始谈论教育的"失败"，这与我们今天经历的情况相似。像鬼怪一样不断膨胀的效率低下在每一所学校的地盘上游荡，拖住了每一位学生的后腿。

作为回应，新时代的心理学和教育大踏步赶了上来，试图将自身转变为科学。而科学意味着数字、统计、百分比、测量。弗朗西斯·高尔顿肯定会喜欢这种变化。专家们想要测量每个人的智力，将这样的尝试与此前试图量化其他现象的科学探索——当然是成功的探索——相比较。

"正所谓因为有了温度计才诞生了热科学"。费城的一位校长曾经这样说过，"在摆锤投入应用之前，天文学不过是占星术。另外，天平达到高精度之前,化学不过是炼金术。"同样也是这位校长,他曾经发出过如下警告:如果教育工作者找不到精确地测量智力的方法,"教育学依然会是——怎么说呢,教育学依然会是教育学"。当然啦,该校长的领域依然会是教育学,只不过教育变成了向学生们灌输数字而已。

考虑到人口统计学的力量,考虑到要求学校解决拖后腿问题的政治压力,考虑到教育希望变为科学的教育,人们不难猜测,接下来会发生什么。正如亨利·戈达德为医学所做的那样,他拥有充满科学激情的教育学所需要的东西。他坚称,宾尼特的试题能够向教育工作者们揭示,学生的智力和他所在的年级会有多大差距。

戈达德需要一所学校验证他的测试有用。在这件事上,他的个人魅力、政治本能和公关能力再次大显身手。他给新泽西州某地区的公立学校校长写了封信,那所学校离瓦恩兰德不远。他暗自思忖道:"请人帮忙和帮别人忙,其间的差异巨大。"所以,戈达德没有直接向该校校长提请允许他测试那一地区的孩子们,相反,他把自己的法国式测试称做一次机会。他在信中描述了宾尼特套题如何在瓦恩兰德学校的学生分类中发挥了积极作用,并且提议,他也可以向瓦恩兰德学校校长提出,为所有公立学校的每一位孩子作测试——暗示这位校长将丧失这次机会。

戈达德处事方法的效果和他事前预料的一模一样,因为,那位校长直接回了一封邀请信给他。第二周星期一上午,来自瓦恩兰德的五位工作人员为那一地区所有的(大约两千个)孩子作了测试。他们是全美国第一批参加宾尼特—西蒙智力测试的公立学校学生。这次考试之前,宾尼特的套题仅仅用来分析智力有残障的孩子们。1910年之后,"正常的"孩子们只要向有关官员写一封客气的申请信,即可参加智力测试。那个星期一上午的测试将要彻底改变美国的学校,最终将催生一个巨大的考试产业。

考试结束后,戈达德将测试结果带回瓦恩兰德学校的实验室进行分析。

戈达德说过:"对熟悉统计方法的人来说",测试结果的正常分布(也即是说,如果用图示来分析,它们会形成著名的钟形曲线)情况应当是"用数学方法实实在在地表示测试本身的精确性"。

尽管戈达德对这次测试的结果充满信心,许多心理学家却秉持怀疑的态度。不仅如此,早期的批评一针见血地指出了智力测试本质上的许多弊端。比如说,批评者之一曾经指出,试题中的大多数仅能测试词汇能力,仅能反映宾尼特和戈达德的如下观点:"人们内在的办事能力可以经由用词汇描述如何办事来揭示。"同一位人士还指出,套题中的许多问题含混不清,过于依赖经验。他举了个例子:他用试题中的一个问题在一些商人身上作过实验,问题如后:"参加重要活动之前,应该做些什么?"他们当中的一些人直言不讳地用"脏话"指出,这一问题太荒谬。其中一个答案是"洗个澡";另一个人的回答是"穿上最好的衣服"。最佳答案也许是"将你的资产转移到太太名下"。每个答题者都会根据自己的生活经历回答这一提问。可以预料的是,新泽西的学生们也会如此:戈达德的"客观"测试题大抵如此。

随着智力测试领域的扩大,批判之声也从未消停过。1912年,即戈达德突袭新泽西州公立学校两年以后,智力测试已经激起了一股不小的浪花,《教育心理学杂志》(*Journal of Educational Psychology*)刊登了一篇对其科学性公开提出质疑的文章。作者指出,这一领域有个明显的、奇怪的瑕疵:包括戈达德在内,迄今为止没有任何人想到,应该如何定义智力,而智力正是这些人所宣称的测定对象。

一年以前,宾尼特出人意料地去世了。在有生之年,他对这一问题早已心知肚明。他曾经写道:"如何定义智力是个可怕而复杂的问题,我们一直在尽最大努力避免触及它。"然而,美国的智力测试者们并不像宾尼特那么直率,在这一问题上,他们极尽辩解之能事,至今仍然初衷不改。1916年,斯坦福大学的心理学家刘易斯·特曼(Lewis Terman)论述道:"恰如批评宾尼特测试方法的人有时候所做的那样,要求测定智力的人首先必须对智力作出完整的定义,这相当不讲道理……在完全认识电流之前很久,人类已经在测定它了。"

智力测试有严重缺陷,不过,它却是当时最好的测试技术。另外,医生和教育工作者们需要这样的测试。在第一次世界大战之前的那些年,甚至立法者们也注意到了这些问世未久的测试。这种测试第一次在公立学校应用一年后的1911年,新泽西州的立法机构出台了一项法令,要求地区学校为那些"智力为3岁或不足3岁的"学生开设特殊班。智力按照心智年龄确定——这正是宾尼特的想法——在美国第一次以法律的形式被明确了。测试心智年龄唯一有效的方法当然是宾尼特—西蒙测试题了。

全美国的教师们都急切地向戈达德索要试题,而戈达德总能做到有求必应。转眼到了1914年(戈达德将宾尼特套题引进美国公立学校刚刚四年),在当时的103座美国城市中,已有83个城市在使用智力试题测定智力低下的学生了,这已经囊括了全美国所有人口超过25万的城市。班里的孩子表现不好要进特殊班,那时候已经不是唯一的原因了。现如今,只要有一次在智力考试中表现不佳,孩子们就有可能被分配到特殊班。

如果1908年戈达德乘船前往欧洲寻找评估智力低下者的方法时,有人预言他将来一定会大获成功,当年的戈达德肯定会目瞪口呆。转眼过了几年,宾尼特测试套题——原设计是为了实现有限的目标，不过是为了在法国的小学里分析有智力障碍的学龄儿童——已经在美国被用来诊断有智力障碍的病人，被用来在公立学校对能力不同和心智年龄不同的学生进行分类。好戏将要登场，大幕这才拉开一个小角。

第五章

拒绝智力低下者入境

胖子帕特（Pat）来自爱尔兰，眼下他站在离曼哈顿咫尺之遥的埃利斯岛移民大厅里。在贫困潦倒的生活中，帕特经过数个月的规划和省吃俭用，毫无疑问的是，如今他差不多算是到了美国了。帕特身后蜿蜒曲折的队伍里全都是满怀憧憬的欧洲人，唯有一个医生横在他眼前的路上，他喋喋不休地问了帕特一些傻到家的问题。

医生问道："帕特，如果我给你两只狗，我还有个朋友也给了你一只，那么你一共有几只狗？"

"四只，先生。"

"你以前上过学吗，帕特？"

"当然上过，先生。"

"那么，帕特，如果你已经有了一个苹果，我又给你一个，你一共有几个？"

"两个，先生。"

"我朋友又给你一个，你一共有几个？"

"三个，先生。"

医生重复了一遍第一个问题，得到的答复仍然是四只。他进而问道："我给你两只狗，加上我朋友那只，你怎么会有四只呢？"

帕特答道："这个嘛，当然啦，我自个儿家里还有一只啊。"

对这位"爱尔兰大胖小子"，医生最终决定给他个"放行"。随后他将登上一艘摆渡船，前往曼哈顿或新泽西，从这两处地方，他将跟随当天到达的上万人，前往美国的任何地方。至于胖子帕特将来是靠卖汽车发财，还是变成个潦倒的吟游诗人，或是在圣母院谋到个职位，医生是无从知晓的。他每天能见到上万人，全都是像帕特一样的穷人，都是些试图在新世界里一夜暴富的人们。

上述故事能够说清楚一个问题。尽管双方在语言交流方面有些麻烦（双方说的还都是英语呢！），医生认为，帕特算是有头脑的人，美国在他身上多半不会失算。医生的工作也不容易。大约从1890年起，每隔数年，美国国会总会交给美国公共卫生署（U. S. Public Health Service）的医生们一份新单子，其中包括美国必须拒之门外的几类人。20世纪初，这份单子已经长得有些滑稽了。时常有那么几天，每天会有超过5 000个移民通过埃利斯岛入境美国，医生们必须小心翼翼地从中识别出疯子、白痴、精神病人，还有癫痫患者、叫花子、无政府主义者，以及众多受"移民病"困扰的人，最后还有"傻子、低能人，以及患有器质性和精神性疾病，足以影响其在美国正常生存的个人"。正如现代大都市的警察们从自觉守法的公民中识别罪犯一样，医生们仅有数秒钟的时间，从始于移民大厅的台阶到止于登岸跳板的"队伍"中识别上述医学上的异类。

考虑到每天必须分类的人群数量众多，埃利斯岛居然有智力测试，也就不足为奇了。入境口岸好似一个质量控制台，它处于一个高大的摇摇欲坠的厂房终端的门口，所有东西经过它检测之后，都会变得井然有序和卓有成效。移民们尤其会留意从无序的老欧洲到科学无处不在的美国之间的巨变——第一次世界大战前，给人印象至深的莫过于智力测试。文化背景的落差是巨大的。在船上的时候，官员们向移民们分发标明他们所在舱位的标签，让他们排队成列，大声地呵斥他们将行李放下，然后赶着他们拾级而上，步入埃利斯岛天花板高悬的移民大厅。

1913年复活节当天，一位英国记者和一大群身穿羊皮袄的俄国农夫抵达了埃利斯岛。"移民们抵达纽约那天的感受，特别近似于末日审判，我们都必须证明自己适合进入天堂。对我们的审判，原本可以由一位牧师说几句安慰的话作个开场白。"记者这样记述道。移民审查程序采用的是惊人的工业化和非人性的方式。"这种搜索、引导、审视、过滤，几乎就像把我们放进了一架巨大的碎煤机进行筛选。我们像煤块那样拥挤着，磕碰着，左顾右盼着，被机械地引导着，按照形状和大小进入不同的口袋，这种感觉一点儿都不好。然而，这恰恰是移民们在埃利斯岛的命运之写照。"

身穿美国公共卫生署制服的医务官员们紧盯着疲惫至极的来客们。通向移民大厅的一长串台阶的最高层平台上站着一位年轻的医生，他从头到脚，而且非常系统地打量着爬到最高处正在大喘气的人们。如果某人过于气短，那医生会在他的外衣上用粉笔写个"心"字，表示可能患有心脏病。走路不稳的移民被标记为"跛"（表示瘸子），斜视的人被标记为"眼"（表示眼疾）。被医生怀疑患有严重疾病的人，经允许最后看一眼自由女神像，随后会被遣返回欧洲。

患有智力残疾的人对医生们构成最大的挑战。1914年，美国公共卫生署的外科医生E·K·斯普拉格（E. K. Sprague）曾经在刊登于某杂志的文章中警告说，智力稍有缺损的人特别容易蒙混过关。为证明这一点，斯普拉格刊登了三幅照片，照片上都是笑容可掬的移民，而且都是年轻的、身无分文的、据推测没受过教育的人（都是乘末等舱来美，在埃利斯岛通关的旅客，而非头等舱和二等舱的旅客）。最右边照片上的漂亮女孩年仅17岁，脸上甚至还挂着一丝笑意，外行很可能会放过这个女孩，不过斯普拉格经验丰富，蒙他是蒙不过去的。通过进一步检查，斯普拉格发现，"她的常识非常匮乏，她不知道日期、月份,连怎么说都不知道。她会正着数一周里的七天,却不会倒着数。她可以从1数到20,却不会从20数到1。"

有些医生自称沿着埃利斯岛移民大厅的台阶走一个来回,就能从排着长队的移民中一眼识别出智力有缺失的人。弱智者有特定的相貌。在埃利斯岛工作的一个官员曾经写道:"如果某个移民露出傻乎乎的样子,怎么也集中不了精力,就会被怀疑智力有缺失,就会有人在他外衣的右肩朝前的那一面用粉笔打个×。"

斯普拉格医生告诫说,无论如何,人们不应仅凭外表作判断。"在某些情况下,脸上的表情会起作用,不过,从本文附的照片上,读者可以清楚地看出,若想从中挑出智力稍有缺失的人,仅凭外表判断,几乎不起作用。"从医学上判断脑残之人中的最聪明者,医生们需要依靠智力测试。

在埃利斯岛上工作的美国公共卫生署的医生们是抵御外国智力缺失人群入侵的第一道防线。他们像一层专门设计的白色半透明薄膜,仅允许绝大多数穷人通过,将带有毒素的人拦截在外。说穿了,将遗传基因有缺损的人阻拦在外,起作用的是高尔顿的那套东西,实际操作中采用的则是宾尼特的方法。

"其目的不仅仅是预防传染性疾病进入这个国家,"这段话摘自美国卫生署1903年的官方手册,"同时也要将如下人等拒之门外:盲人和盲流等,容纳他们需要建立大量的容留所,耗费大量的社会慈善医疗资源。"

人们最初面临的问题是,医生们无法准确地认定谁是智力缺失者,谁不是。一开始,看见嘴巴合不拢的,样子似乎傻傻的移民,医生们会走上前攀谈几句,以便确认对方的智能。这种早期方式的好处是,医生们可以从移民们的答复中判断出他们的思维状况。例如,帕特或许没接受过多少正规教育,然而他知道如何自圆其说,他说得清自己家里本来就养着一只狗。也许他不是同船赴美的人里最聪明的家伙，不过他怎么也不会成为美国的负担，因此医生们让他通过了。

公共卫生署的医生们常常对移民们报以极大的同情。因为他们清楚，末等舱的状况非常不人道，移民们为了这趟旅行，不仅花费不菲，还要背井离乡。医生们也知道，移民们经历过所有磨难之后，陌生的政府官员要求他们做一些简单的算术题，他们会感到费解和惶恐。医生们还知道，如果某人被遣送回国，对他会意味着什么。医生们觉得，如果学校将某学生错判为特别笨，这样的错误纠正起来轻而易举：只要让他回到正常孩子的班里即可。不过，就移民所处的环境而言，如果将其错判为智力缺失，错误将无法纠正。

一位老练的医生解释说："一个不公正的错误导致外来者从纽约被驱逐回东欧，肯定会铸成不公正的大错，而且无法挽回。"

一旦遭遇驱逐，下场会有多惨，医生们心里清楚。他们也明白，移民们处于身心俱疲和惶恐不安的状态。所以，唯有在特别明显和特别极端的情况下，他们才会判定某移民为智力缺失。因此，在大部分时间里，埃利斯岛的医生们总是在试图弄清楚，每个移民的头脑里究竟在想什么。他们并不需要对方回答每个具体问题时做到最好最快，只要答案或多或少能反映出相当的思维活动即可。

一个名叫霍华德·诺克斯（Howard Knox）的医生在编写移民考题方面做了大量工作。他经常让人们想象如下场景，然后回答问题："某人走进树林，看见一个东西吊在树上，吓了一大跳。随后他跑出树林，将事情报告给了警察。那么，请回答他看见了什么？"诺克斯希望听到人们回答"树上吊着一个人"。不过，一个从伦敦来美的产业工人说是"一头野猪"。尽管如此，有血有肉的诺克斯并没有将那个人划归智力低下，他反而说，此人答案中的可能性在现实中至少是存在的。

通过跟移民们交谈，给他们算术题和假设题目，医生们大致上可以迅速地了解一个人的智力水平。不过，考虑到新来者的疲乏程度，而且双方的交流必须通过翻译，就有可能出现沟通方面的障碍。另外，医生和移民之间文化背景不同，这种方法因此充满了不确定性。诺克斯和跟他有着相同想法的同事们开始寻找中性的、客观的方法，以测定移民们的思想。他们最终采用的是"动手"作答的提问方式——提出的问题尽可能与课堂教育、语言、文化等等脱离关系。

1913 年，诺克斯发明了"方块模仿测试"。这种测试要求移民们按照医生演示的顺序触摸摆成一排的四个方块。医生会慢慢地触摸那些方块，以便心慌意乱的移民们将整个过程看清楚。如果某移民一丝不苟照着做了下来，他会进入下一关，接着做下一轮方块触摸测试。另外一种测试为：医生们举起一块板子若干秒钟，板子上拴着一些物件，例如玩具手枪、娃娃、叉子，然后记录下每一位移民事后能记住多少个物件。

测试移民的过程存在诸多问题，完全清楚这一点的不仅有埃利斯岛的医生们，还有教育工作者和其他人等。像诺克斯一样，他们往往借助常见的事物设计"动手"问题。例如，几家儿童玩具公司〔米尔顿·布拉德利玩具公司（Milton Bradley）为其中之一〕生产的盒装彩色积木，可以用来搭成漂亮的形状和图形。1911 年，两位测试者公布了一种测试方法，采用计时方式检测人们搭成多种不同结构的速度。

埃利斯岛的医生们同时也采用埃尔弗雷德·宾尼特风格的提问方式。这样的提问至少在一定程度上必须有特定的文化背景和教育背景作为支撑。如今我们将这一类问题称做"口头"（有别于动手作答）作答的问题。例如，医生们认为，但凡超过 12 岁的人，均能准确地定义"公正、同情、真理、完好、幸福"等，也能够准确地说出一匹马或一个人有几条腿。他们会要求移民们从 20 起倒着数数，做简单的算术题，倒着数每周的七天，另外还会要求年幼的小孩报出当地时间。

诺克斯认为，即使"没有人教过被测者应当怎样做，且被测者的知识完全是从生活经历中学来的，对他的测试也很公平。测试用在任何人身上均可，被测者无论受过教育与否，甚至是目不识丁的文盲，人人天生都有动手能力，尤其不需要依靠任何事前的体验，且动手做这些事的能力是基于人们固有的和内在的克服小障碍的能力"。

有明确的证据表明，在某些情况下，上述看法站不住脚。一天晚上，曾经见证过测试爱尔兰移民帕特的某位移民局官员将一些新的测试题带回了家，让他的女儿和女儿的朋友们试着做一遍。这些人多数是老师，是来和他们共进晚餐的。这位官员后来发现，这些试题把他们全都"震住了"。还有一次，同一位官员正在伏案工作，卫生署的一位医生路过他身边时随便说了句："你应该下楼看看新来的拼图游戏，连我都做不出来！"

无论如何，对于不会说英语的人们以及没受过什么教育的人们来说，新的动手作答的提问方式怎么看都比从前的方式公平得多。然而，新的技术手段也有其不利的一面，从前医生们通过对话交流所拥有的灵活性不见了。以前，医生们更为关注解决问题的技巧背后的方法，如今，医生们则更加关注答案正确与否。其结果是，虽然绝对数量不大，却有更多的人被拒之于美国门外。1908 年，略少于 60 万人里仅有 186 人因智力缺失被拒绝入境；医生们采用新测试方法后的 1914 年，移民局的官员们在大约 80 万人里拒绝了 1 077 人。

人们无法确定，将这些人拒之门外，是否在某种程度上对美国有益。不过，这些新的僵化的提问方式预示着新的问题会接踵而至。其中之一是，人们误以为，新方法是科学的，因而是可靠的。这导致人们以貌取人，将人们以群分，进行横向比较。是否匈牙利人和意大利人下船时，旁人即可看出，他们的气质天生不如英国人？对此，答案无疑是肯定的。这一结论还可以从智力研究方面得到证实。

事后看来，这些大杂烩式的测试方法似乎都是偶然开发出来的——当初为检测智力迟钝的在校生开发的测试甚至还掺和了许多儿童玩具，不过，谁又能责怪它们的发明人呢？医生们需要试题，然而世上却没有直接测试人们内在智力的试题，这些综合试题比起它们的前辈已经好了许多。哥伦比亚大学的詹姆斯·卡特尔会要求移民们握住握力器，以测试他们双手的握力；弗朗西斯·高尔顿没准会要求移民们对着管子吹气，或者击打一根金属棍；再往前推25年，可能会有人测量移民们的头盖骨；霍华德·诺克斯医生的动手作答的提问方式外加埃尔弗雷德·宾尼特测试在校生的问题，显然是明显的改进了。

第六章

改变世界的智商测试

美国参加第一次世界大战——时间是 1917 年 4 月 6 日——两周后,美国的心理学家们沦落成了一帮贫嘴的没人搭理的人,就像街头的篮球比赛场外坐冷板凳等候上场的一帮不安分的小男孩一样。作为一门新兴的职业,心理学不过才存在了四分之一世纪。眼睁睁看着其他学科的学者们专注地投入到抗击"新时代的恺撒"的行列中,他们未免妒意横生。在各大学的实验室从事研究工作的化学家、物理学家、生物学家和医生们,个个都忙于无绳电话、猎潜技术、飞机制造、毒气生产、输血换血等等的突破。心理学家们无法为这场战争作贡献,实在心有不甘。可他们又能做什么呢?他们中的一些人认为,可以帮助士兵们拥有树立信心的能力,或者帮着受了严重创伤的士兵们找回康复的能力。另外一些人则认为,他们可以在有外部压力的环境下为军营改善环境,遴选心态好的飞行员,设计一些鼓舞人心和恢复自制力的心理测试等等。

美国费城市中心的沃尔顿饭店是一座高 12 层的宏伟建筑。1917 年 4 月 21 日,七位心理学家在沃尔顿饭店的一个房间里开了个会,商讨如何利用眼前的大好时机。无论是当年还是现在,那次会议的主题是什么,人们始终不甚清楚。尽管如此,那次会议对突显心理学领域的重要性,全世界在几年之内便见到了。无论心理学对那场战争作出过多少贡献,这几个人成功地将人们对这一领域的关注集中到了一个非常有限而狭隘的智力测试范围,并且在战后继续发展。他们确立了埃尔弗雷德·宾尼特的方法(补充了一些内容,同时以高尔顿的理论作为依据),淘汰了其他方法,在测试所针对的人群方面更加灵活,也更加宽泛。如今,人类依然感受着那次会议的后续影响。

刚刚提到的七位心理学家都是白种人,年龄跨度从 35 岁到将近 50 岁。这些烟鬼们很快便使开会的房间浓烟缭绕。他们意见相左,互不相让。身为美国心理学会(American Psychological Association,简称 APA)会长的罗伯特·莫恩斯·耶克斯(Robert Mearns Yerkes)是这次沃尔顿饭店夜半会议的召集人,因为他认为,这场战争会改变人们对心理学的态度,尤其是对智力测试的态度。尽管亨利·戈达德在美国推广宾尼特的智力测试取得了成功,无论是在社会生活中,还是在学术界,心理学仍然属于边缘学科。到那时为止,心理学的研究仍然不被自然科学所接受,而心理学家们希望得到自然科学的认同。更为严峻的现实是,大多数心理学家认为,智力测试和水占术①是近亲,都是骗人的。对于测试,外行人常常感到困惑不解,充满了仇恨。人们将测定智力与怀疑某人脑子有问题画上了等号。

参加沃尔顿饭店会议的七个人将这场战争当成了改变上述一切的机会。

在给美国应用心理学的先驱人物沃尔特·迪尔·斯科特(Walter Dill Scott)的信中,罗伯特·莫恩斯·耶克斯这样写道:"我希望周六晚我们都去费城聚首,深入讨论一下。前景一片光明,我们应当有机会做些重要的事,除非战争意外地突然结束。"

耶克斯的说法充满了忧虑,似乎他很担心,在心理学还来不及证明自身之前,人类就会结束在法国战场上的大规模厮杀。由于人人都

---

① 利用水进行占卜的技艺。——译者注

持有这样的态度,外加无法在严厉的测试方案上达成一致,导致与会者在沃尔顿饭店争论不休。沃尔特·斯科特觉得,参与会议的同行们——那之前他们主要都在从事理论方面的研究——更感兴趣的是成就自己,以及诞生未久的心理学,拯救国家倒在其次。他们的态度使他感到"无比厌恶"。

斯科特跟那些研究理论出身的同行们合不来。事实上,他是个穿着学术外衣的商人,是个讲求实际的人。他更喜欢着手解决问题,而不是坐在椅子上冥思苦想智力的本质。他和蔼可亲,在学术领域以及与人交往方面悟性极高。身为心理学会会长的耶克斯则显得僵化、学院派、华而不实。

自20世纪初期伊始,斯科特的大多数职场生涯即是以心理学家的角色与生意人打交道,为他们排忧解难。他是第一个以"广告心理学"和"演说心理学"为题发表文章的人。战争开始之前几年,他一直工作在应用心理学领域,他接手的问题包括雇员心理、消费心理、职场心理、高管心理等。

罗伯特·耶克斯的自画像为:一个"忧郁的、意志坚定的、不为外界所动的孩子,难以管教"。他这番自我评价倒是和战时的心理学相辅相成。若不是由于深爱着母亲,出于对父亲的恐惧和仇恨,他早就离家出走了。他父亲是个不幸的终生一事无成的人,从来都无法理解耶克斯在学术方面的抱负。耶克斯小时候经常孤身独处,由于一个可爱的小妹妹死于猩红热,进一步加重了他的孤僻。耶克斯也染上了猩红热,不过,由于一位医生的抢救,他最终得以康复。那位医生"给他留下了终生难忘的印象,深深地激发了他的崇拜之情和职业英雄观"。

儿童时期经历过一次猩红热后,耶克斯整日梦想着成为一个"内科医生,或者外科医生,或者穿着白大褂那样的制服消除人类痛苦的拯救者",然而,他并未成为真正的医生,因为他父母没钱送他进医学院。与斯科特截然不同的是,罗伯特·耶克斯是个穿着学术外衣的医生,而且在医学界颇有声望。多年以来,作为有崇高声望的理论科学家,耶克斯一直在哈佛大学兼职,同时也在波士顿精神病院做兼职,学习医疗技术。

在沃尔顿饭店 1917 年 4 月的那次会议上,耶克斯希望实现自己孩童时期的梦想,使心理学家们在内、外科医生和精神病医生的领导下,成为美军野战医疗队的组成部分。对耶克斯来说,这样的医疗构架,以及由此带来的声望,应当是心理学的未来远景,也是心理学从学术贫民窟迈向广阔舞台的通路。斯科特对这样的想法嗤之以鼻,他认为,心理学家应当和医生们平等,且独立于医生的行业之外。

这两个人在理论上和心理测试方面也意见相左。像当代绝大多数心理学家那样,耶克斯也采用一对一的测试方法,尽可能精确地测定被测者的常规智力——即查尔斯·斯皮尔曼在第二次英布战争期间发明的最基本的、独一无二的方法。第一次世界大战之前,通过深入研究生物体,诸如从低层次的青蛙、虫子,到具有高层次智力的猩猩、精神病人、有智力缺损的人等,耶克斯曾经研究过智力进化的过程。其结果是,他既没有参与过也没有集中精力于社会现实——为各级组织和部门分析社会中的人,而这正是军队眼下急于解决的当务之急。

斯科特则正相反,他对常规智力指数没什么兴趣。战前数年间,他一直在创新由大量人群参与的规模化测试,这在当时相当另类。这些测试不仅测定智力,同时还测定诸如性格等其他人类特性,其设计的初衷是为企业从大量申请人当中筛选合适的雇员。斯科特原想通过测试筛选出符合企业(如今是军队)雇用特点的人,为相应的岗位找出合适的人选,同时提高遴选人才的效率。不足为奇的是,斯科特认为，耶克斯研究智力进化过程不过是理论上的空谈。

耶克斯认为，在战时，智力测试应当主要作为剔除低能人的工具来使用，就像埃利斯岛上的医生们所做的那样。不过，斯科特对此却不以为然，他认为，不应当单纯以人们的智力进行划分，或者说，心理学的重点不应当如此狭隘。多年以来，斯科特一直在为各种企业管理人员的竞聘设计评价体系，所以他认为，用当年非常流行的话来说，心理学不应当仅仅用于抵御"来自低能人的威胁"。他还认为，他的评价体系可以让评价者发挥主观能动性，根据申请人的外貌、举止、机敏、忠心、诚信诸特征进行评级。这一体系还可以改造成军官晋级评价体系。

斯科特并非认为智力测试纯粹是浪费时间，他自己也开发了一些相同的测试套题。像其他人一样，他的测试套题部分地采用了宾尼特的标准。不过，与各类企业交往，斯科特总会根据不同客户的特殊需求进行适应性的修改，另外，他对智力的定义比其他人宽泛得多。与更为注重学术的同行们大不一样，斯科特从不认为自己是在测定理论上称之为常规智力的东西，或某种神秘的、人们尚未认识的，然而已经可以精确测定的内在力量。简言之，如何评估社会中的人，斯科特采用的是一种整体的、灵活的方法。假如当年斯科特在沃尔顿饭店会议上说服了其他人，人类从那以后参加的各种考试，肯定会是一种完全不同的形制。

从深层次上说，参加沃尔顿饭店会议的其他心理学家认为，智力是每个人独有的心理特征，因此值得测定，而且必须以科学的方法精确地测定。耶克斯尤其坚定地认为，必须将智力迟钝的人分离出来，军队才会更有效率。也只有依靠智力测试，才能揭示这种人类内在的缺陷。

高傲而讲求实际的斯科特无法忍受这种狭隘的观念，也无法忍受心理学家成为军队的组成部分（在医生们手下工作），更无法忍受同行们推销的测试方法，即，仅用于测定智力缺失者的有限的方法。在沃尔顿饭店午夜会议进程中的某个时间点，身在烟雾缭绕中的斯科特痛心疾首地意识到，罗伯特·耶克斯的观点将主导整个会议。

斯科特事后这样描述他当时的心态："我对那些观点真的忿不过，因此我清楚地表达了自己的看法，然后就走人了。"

随着斯科特的离场，离开历史舞台的还有他那套宽泛而灵活的测试方法，以及贴近企业需求的工作方式。尽管斯科特在沃尔顿饭店会议上打了退堂鼓，他并没有放弃为战争作贡献。其结果是，军队雇用了两批心理学家，分别以各自的方式解决人事分析问题。斯科特的主要任务是遴选军官，而耶克斯和他的团队在即将到来的征兵大潮中负责测定智力。

斯科特和他的评价体系很快在军队里得到了肯定。而他的同行耶克斯由于理论多于实际，他和他的团队最初并未受到重视。斯科特可以将自己的想法很快上传到战时部长那里，说服他接受"军官晋级考核标准"（Rating Scale for Captains）。此前斯科特曾开发过一种测试方法，用于筛选销售人员，军官晋级考核标准就基于该方法。因为完全不懂军人的思维方式，耶克斯采取了截然不同的路数。他试图通过前美国卫生署进入军队系统，所以，最初阶段他出师不利。没有斯科特的协助，耶克斯不切实际的想法充斥于他提交的报告中，报告的名称为《心理测试筛除智力反常新兵计划》（*Plan for the Psychological Examination of Recruits to Eliminate the Mentally Unfit*）。他在报告中提出，把心理学家作为现役军官安插在医疗预备队里（在这一点上，斯科特的角色则更像个贴近企业的顾问，他认为，对军队而言，心理学家不过是来自民间的专家。和耶克斯不一样的是，斯科特从未想过成为军队的正式成员）。更为糟糕的是，耶克斯建议心理学家对应征入伍的人作一对一的测试。对于每天都要接收、登记、训练上万人的军队来说,这一提议不啻为天方夜谭。

事后来看,标准测试在当时的美国已然非常普及,居然有人提议采用效率低下的一对一方式测试大规模入伍的新兵,这种想法本身就足以贻笑大方了。不过,对耶克斯来说,这样做合乎情理。战前,耶克斯在波士顿医院工作,那里的医生和精神病专家们从未规模化地诊断过病人。从世界范围来说,在那一时期,绝大多数智力测试都采取一对一的方式。埃利斯岛上的医生们若是看到某位移民值得怀疑,会把他从队伍中揪出来;心理医生们会从班级里挑出一些学生,对他们的智力状况进行评估。对大多数心理学家来说,规模化测试是一种全新的思路,一开始他们认为,这样做违反科学。

耶克斯并没有因为制度的需求而改变自己,所以他的报告没有引起军方的兴趣。其结果是,他没有得到资助,因而无法开发计划中的测试题。如果心理学家们甘愿在耶克斯领导下开发规模化地测试新兵的考试,他们就必须自己想办法,利用非常可怜的预算创出成果。此时亨利·戈达德再次伸出了援手。他从全美各地的著名大专院校找来七位心理学家,在瓦恩兰德组成一个开发团队——起始时间为1917年5月28日,不计报酬地工作了两个阶段,每阶段为两周时间,总预算为800美元,开发出了世界上第一批规模化的智力测试题。

沃尔顿饭店的硝烟尚未散尽,因此耶克斯没有邀请沃尔特·斯科特参与测试题开发,后者是制定规模化测试的稀缺人才。所以,第一批规模化智力测试模块是由一批精通优生理论的学者们开发的。颇具讽刺意味的是,在瓦恩兰德召开的数次会议上,耶克斯的想法同样被枪毙了。因此,耶克斯立刻又挑起了事端,他的理由是,各种测试必须能够"识别出'智力不足的新兵'、'精神病人'、'重度患者'和'具有特殊天分的人'"。

事情进行到这一步，其他人并不想仅仅集中于测定"病态的人们"。他们还认为，耶克斯的一对一的测试方法行不通。这样的情况与斯科特当初经历的一模一样。其他人还希望同时测试所有应征的人，包括最愚蠢的人和最聪明的人同场参加测试，而这意味着规模化的测试。斯坦福大学的心理学系主任刘易斯·特曼的观点是：德国军队需要做的仅仅是组装人类"机器的零部件……以便投入行动"，相比之下，美国军队不过是"组装好的大杂烩"。他认为，美国的种族过于复杂，这和效率正好成反比，解决这一问题的出路是智力测试。第一天结束之前，团队的其他成员终于说服耶克斯放弃了他最狭隘的观念，即一对一的测试方法。面对如潮般入伍的新兵，此种方法完全行不通。

沃尔特·斯科特原本可以为瓦恩兰德团队作出重要贡献。多年以来，他一直在创新规模化的测试题，从事规模化的测试。然而，这副重担落到了特曼肩上。特曼是个颇具学者风范的人，对智力、种族、社会阶层等具有理论方面的成见，在教育方面造诣颇深，对社会的了解却有失偏颇。

亨利·戈达德是瓦恩兰德会议的见证人之一。像戈达德一样，刘易斯·特曼也是欧洲思想的倡导者和拿来主义者。1916年，特曼发表了斯坦福—宾尼特智力测试套题，这是在宾尼特试题的基础上修改的一套更为复杂的试题。特曼的名声因此大大超越了戈达德。特曼的测试方法不久后即成为智力测试的经典标准，这其中也包括了如今闻名于世的智商测试。一位德国心理学家曾提议将被测者的心智年龄和实际年龄分开，智商测试即基于此一想法。特曼的计算方法是，测试指数乘以倍数100，使智力测试进位到整数作为最终结果。例如，10岁孩子的智力若能达到15岁孩子的平均值，其最终得分为150——换句话说，这孩子是个天才。商数概念和智力测试成为一个整体，不可避免地赢得了一个响亮的绰号——智商（IQ），特曼的智商测试从那以后成了一种标准，后来所有的智力测试都有了定量标准。

特曼开发智商测试的出发点为高尔顿主义，其目的是优生：从人群里分离出智力最弱者和最强者。1916 年，他自认为已经开发出了识别智力低下者的有效工具。

特曼曾经这样论述："可以准确地预言，最近的将来，智力测试会识别出数以十万计稍有智力问题的人，将他们置于监督之下。这也是为了整个社会。而最终结果是，减少智力低下者的出生率，以便消除巨额的犯罪、贫困、生产效率低下。"

特曼的斯坦福—宾尼特智力测试套题是从宾尼特套题改造来的，最初的版本包括九十多道与课堂知识有关的题型，例如词汇、阅读理解、词义等。他在加利福尼亚州和内华达州的上万名学生（大多数为城市中产阶级家庭的孩子）中作了试验，其后发现，诸如"你知道成吉思汗是什么人吗"和"水的沸点是多少度"之类的问题，在不同年级的学生们身上测试的结果大为不同。也即是说，以三年级学生的平均表现为例，他们仅能回答一部分问题，对其他问题则无能为力。四年级学生的平均表现强于三年级学生，弱于五年级学生，其他依此类推。

尽管特曼的试题包含了学术知识成分，但是他并不认为斯坦福—宾尼特智力测试套题测试的是学生们的文化背景和教育背景。他一向认为，他的测试可以分辨和测定人们内在的知识——即固化的和与生俱来的特征。正如他在一篇文章里所阐述的，说它们具有政治和社会内涵仅仅是一种表象。该文章说的是两个低分的葡萄牙裔男孩，他们"代表了西班牙印第安人和墨西哥人的家庭智力水平，当然也包括黑人的智力水平。这在美国西南部地区特别特别常见。他们的愚钝似乎和种族有关，或者说，至少在他们降生的家庭里，愚钝是固有的和代代相传的。在印第安人、墨西哥人和黑人圈子里，人们可以看到，愚钝类型的人比比皆是。极为明显的是，智力特征因种族而异，人们必须通过实验方法重新认识这一问题"。

上述智商测试让特曼和一些人相信，他们能够精确地测定"智力稍有缺失的人"，即戈达德所说新泽西州瓦恩兰德学校年轻的德博拉·卡里卡克那样的人。特曼认为，低能人的智商测试得分在50到70之间；傻子的智商测试得分"在20或25到50之间"；白痴得分更低。用数字表示智商看起来更为科学，不过，正如对卡里卡克家族所作的研究那样，人们可以置数字于不顾，或者在数字的基础上补充其他信息，例如声望和社会地位等等。

智商测试扩大化，使其在更多场合派上了用场，例如，对行为类似于智力迟钝群体的未婚母亲和妓女等。然而，她们在智力测试中的表现并不像人们预想的那么糟。事情发生在加利福尼亚州，有一次，州政府雇用特曼和另外两位学术权威调研"监狱、公立学校、孤儿院里的智力背离现象"，令他们大感不解的是，在这类人当中，一部分人的分数比低能人还高，少数人得分比正常人还高。这样的结果让专家们颇感惶惑。所以，当加利福尼亚州的索诺玛州立医院得知，他们那里的一些智力低下患者做特曼的智商测试题分数比预想的高，便为此专门雇了一位心理学家，以便"解释某些智力有缺失的人事实上得分高于正常人，不过他们依然是智力低下患者"。

对于"人在社会中的行为反映其智力水平"，"智商是个有用的工具"等等假设，人们非但没有提出质疑，和特曼一起参与加利福尼亚州调研项目的一个同行甚至还宣称，他在未婚母亲和孤儿群体里发现了五个不同的"族群智力组"。发现者对"族群智力"的定义为："被测者的智力达到了一定程度，'足以小心翼翼地管好自己和自己的事'",其延展性比智力测试分数更为多样。"无论测试结果显示他们是否属于某一等级的智商群体",均可用族群智力将其"分析定义为智力有缺失的人"。

在学校进行规模化的智力测试比一对一的测试更有潜力,特曼认识到这一点早于其他大多数心理学家,因此在第一次世界大战时期的瓦恩兰德会议上,他极力推荐在军队里用他的斯坦福—宾尼特智力测试套题升级版进行规模化的测试。美国卷入第一次世界大战时,特曼的规模化测试升级版并没有问世,不过当时他带的研究生阿瑟·奥蒂斯(Arthur Otis)研究此问题已经有一段时间了。所以,特曼前往瓦恩兰德时,带了几套奥蒂斯准备好的试题做范本。讨论过程中,手头有现成的文件出示给与会者,其作用是显而易见的。瓦恩兰德会议的议题之一就是探讨新课题。在新泽西州燠热的夏季里,伴随着窗外传来智力迟钝的孩子们游戏时的吵闹声,上述七人团队在戈达德的实验室里工作了不足两个星期,大家基本上达成了一致,使用特曼带来的试题。战争结束几年之后,特曼在一封信里颇为自豪地写道:从瓦恩兰德诞生的测试"实际上包括了五套试题,其形制沿用了奥蒂斯曾经用过的分级测试法"。

特曼在瓦恩兰德制胜的原因之一是奥蒂斯的测试方法。这是一种别出心裁的精灵古怪、独具匠心的方法。而这套方法是奥蒂斯从堪萨斯州立大学的教育系主任佛雷德里克·凯利(Frederick Kelly)那里借来的。此前凯利试图改革阅读理解测试,提高其效率和客观性,因而他发明了一种称为"堪萨斯快速阅读测试"(Kansas Silent Reading Test)的试卷。这种简单的试卷长达 37 页,在考试过程中由监考老师当场向学生宣读问题,其提问的方式如后边的范例所示:"以下为四种动物的名称,请用画圈的方式选定与农场有关的动物的名称,它们是:母牛/老虎/老鼠/豺狼。"

看到这样的提问方式，生活在今天的人们会觉得特别眼熟，毫无新意。实际上，凯利的提问方式是巨大的创新！或许这是世界上首次公开发表的单项选择提问试卷，除了时间限制不同，试卷的其他内容和形式跟如今的试卷几乎别无二致。

"在这一范例中，正确的做法是在选项'母牛'上画个圈。"当年，所有监考老师被要求对考场上的学生们宣读这段提示。"这是唯一正确的选项……请仔细阅读每个答案……确认答案后，尽快完成选项。考试结束时间一到，请立即停笔。在考试正式开始之前，请不要打开试卷。"

堪萨斯大学的学生们当时还不可能意识到，这仅仅是他们使用 2B 铅笔所必须完成的无穷无尽的试题的开端。发明单项选择试卷之后，大专院校的考试向前跨越了一大步，学生们再也不必奋笔疾书了，老师们再也不必费力地通读冗长的试卷并作出主观判断了。既然每道题仅有一个正确答案，老师们可以做到在数分钟内迅速评阅一份试卷，从而在学生人数爆炸性增长的时代尽可能满足效率、公正、客观三要素。

考虑到现行的标准单项选择考试行情如此看好，凯利理应比他现在享有的名声更为响亮，或者更为臭名昭著。在不到 10 年的时间里，他的考试方法以及伴随而来的正误判断题型将彻底颠覆美国的教育。从一开始，单项选择的提问方式绝不允许模棱两可的或尽可能贴切的答题方式。其证据是，凯利要求堪萨斯州所有学校的校长们在设计问题时必须："一，……做到仅有唯一的解释；二，……只讲一件事……或者正确，或者错误，绝不能部分正确或部分错误。"

历史学家弗朗兹·塞缪尔森曾经评论说："恰如流水线的发明，如此荒谬的教育技术也只有美国人想得出来。"自从其诞生之日起，人们对单项选择考试的抱怨之声就没有间断过：通常情况下，学习方法必须划分得非常细致，才能适应这种考试，有独到见解的人根本适应不了。不过，在学校的高墙之外，提高学术界的效率比深入了解每一个个人来得更为紧迫，尤其在战争时期和大规模征兵时期。这些外部条件，以及短期内需要测试成千上万的人，迫使瓦恩兰德团队必须在两周内发明一种和以往的所有考试形式大为不同的智力测试方法。所以，除了刘易斯·特曼的新奇的教育考试方法，他们别无选择。

瓦恩兰德团队的成员必须准备两种类型的试卷，因为许多应征入伍的人不识字，有些人甚至是完全不懂英语的外国人。他们为识字的人准备的试卷称做"A试卷"；另外一种以图片为主的试卷称为"B试卷"，是专为不识字的人和不懂英语的人准备的（当然，还要考虑年龄不大的成年人和学生之间的差别，因此，各种考试必须穿插起来。试卷的制作者们并不在乎参加考试的人到了某一年龄段是否该知道什么，他们在乎的是，智力正常的成年人能否达到他们认为的智力水平）。

以极高的效率同时测试许多人，这种新方法意味着，心理学家们不必继续将注意力仅仅集中在智力低下者身上。这种使所有人都能被测定的方法，成了智力测试的历史上划时代的转折点。自那以后，名声建立在阻止低能人威胁之上者如亨利·戈达德之辈将引退江湖，为后来者腾出走向辉煌的通路，其代表人物为刘易斯·特曼之辈。从更为普遍的重要性上看，通过帮助大专院校将人群迅速分类，心理学的力量必将迅速成长壮大起来。

为防止作弊行为，瓦恩兰德团队的心理学家们紧赶慢赶准备了五套各不相同的A试卷和B试卷，还为应试者们配备了一套说明。每套试题限时不超过一小时，试题分为八个部分，每部分包括8道至40道题，其难度依序逐渐加大。

"大家一致同意，"罗伯特·耶克斯记述道，"考试的目的是为了测定人们内在的能力,而不是学校教育的成果。"不过,通过阅读和回答问题不可能准确地反映这一点。因此,瓦恩兰德团队还要求应征的人用指定的词重组句子,凭记忆排列数字,做算术题。在词汇部分,应试者须回答各组词的词义是相同还是相反(例如:空虚—丰富,晚祷—晨祷)。应征者还必须知道氯气的颜色,蚕丝的出处,在莫比尔湾指挥北方联盟军的将领是谁,等等,等等。

瓦恩兰德团队测定"实际判断能力"的单项选择提问如:"为什么咽下食物之前需要咀嚼?""为什么说网球是一项有利的运动?"更绝的问题如下:

> 为什么每个人都应当接受教育?原因是:
> A)罗斯福总统接受过教育
> B)教育会使人更有用
> C)教育需要投入
> D)一些受过教育的人很聪明

B试卷则截然不同,应试者不必写字。题型包括五花八门的图形判断题,拼图题——应试者必须找出能够严丝合缝拼接到一起的异形角。应试者还须辨认缺少关键部位的图画——例如一位女士的胳膊可以在镜子里找到;再例如开水壶少了水蒸气;另外还须把顺序混乱的多幅图画按顺序排列,使之成为可以理解的故事,例如以下几幅画:第一幅画上是一辆马拉的灵车,第二幅画上是一位医生在敲门,第三幅画上是一位牧师在敲门,第四幅画上是一具棺材。正确的排列顺序为:医生登门看病人,牧师其次,棺材再次(或许病人已经进了棺材),最后是灵车。

经过两周的努力,七位心理学家告别了瓦恩兰德,分散到美国各地，实际检测他们的试卷。特曼在加利福尼亚州测试了高中生。耶克斯测试了智力迟钝的学生和波士顿精神病院的患者。其他人测试了美国海军的士兵和卡内基理工学院的工作人员。1917 年 6 月 25 日，心理学家们返回瓦恩兰德，分析了测试结果。让他们感到满意的是，新试卷的测试效果非常好。战后，耶克斯发表了一部 890 页的报告，标题为《美国军队的心理测试》(*Psychological Examining in the United States Army*)。这份报告的结论有如下内容："因此上述测试的可参照性让人相当满意。它们和其他已知测试数据的可比性也非常高。它们之间的可调换性同时也证明，它们理应成为非常好的测试常规智力的试卷。"

耶克斯和他的同伴们所说"其他已知测试数据"，指的是他们在瓦恩兰德研发的试卷的测试结果与之前的各种智力测试（例如宾尼特—西蒙智力测试、斯坦福—宾尼特智力测试）有很强的可比性。如果读者以为，由于这些心理学家喜欢把常规智力挂在口头，他们会通过体检的方式测定智力，然后与试卷的测试结果进行比对，读者的这种想法情有可原。然而这并非事实。自从智力测试扎根美国以来，心理学家们主要是依据新测试方法和之前的测试方法的可比性进行判断。新测试方法能否测定智力（有时候必须悄悄做）要基于这样的假设：老测试方法确实能够测定智力。

由于已然完成的测试通过了实际验证，耶克斯获得了一笔资助，用于非官方的再次验证。他们前往佐治亚州，在未征得军方正式授权的情况下，用新方法测试了 4 000 名士兵。为验证其可靠性，考试结束后，耶克斯采用以前的老办法，要求军官们按照士兵们的智力状况为他们打分——"为避免军官们受考试分数影响"，他们还宣读了注意事项（受一点儿影响其实也无所谓，这是明摆着的）。正如以前的考试结果符合老师们对学生们的判断，士兵们的考试结果也得到了军官们的认可。耶克斯经过计算发现，军官评估的分数和智力考试测出的分数误差仅为 0.5 到 0.7 分，不同番号的部队间的差别更为明显。

耶克斯的结论是："这样的结果说明，在军中服役的人，其价值或可通过最为重要的单一因素智力得到证实。"

心理学家们依靠社会评价体系——在上述案例中，靠的是军官们的观点——验证他们的智力测试。如果耶克斯不曾透露，他们验证出的结果如此接近人们真实的内在智力，这件事原本会平平静静地成为过去。然而耶克斯不厌其烦地到处宣扬：由于军官们的观点和测试结果的可比性如此之高，他们的试卷确实可测定常规智力。所以，如果想正确地分析人们的能力，智力的重要性首当其冲。

对社会科学有好处的事，必然也对军方有好处。1917 年，美国军方完全没有作好应对战争的准备，为应付即将到来的大规模征兵，他们需要得到帮助。智力测试可谓生逢其时。按照军方的说法，第一次世界大战前夕，美国军队"不过是一支国民警察部队"，而且，军方非常清楚，一支大规模的警察部队根本不可能应付发生在欧洲的可怕而复杂的战争。1917 年 3 月，美国军队的总兵力为 19 万人，在不到两年的时间里，军方将征召和训练大约 350 万人，使美军在 1918 年 11 月迅速扩充到 366.5 万人之多。最终的结果是，心理学家们测试过的军人接近总数的一半。

军方不仅需要大量人手，更需要具备特殊技能的人手，以适应工业化国家之间的战事。1917 年 3 月，美国骑兵的总人数为 2.2 万人，空军和防化兵的人数为 0，没有坦克，也没有机械化运输部队。战争结束时，美军人事参谋部编写的"一战"时期美军人事系统史是这样说的："在 350 万美军士兵中，理发师、裁缝、律师的数量超过了军队的需求。然而，要找到足够数量的有经验的人，例如会开卡车的士兵、会发送无线电信号的士兵、有能力监督军犬训练的人手，以满足军队的需求，却是一件难事。"

1917年8月，军方与耶克斯达成协议，以便采用他的测试方法。军方正式授予耶克斯少校军衔，同时还作出承诺，授衔给另外40到50位心理学家，派遣他们到全美各地测试应征的新兵。对耶克斯而言甚为不幸的是，他和他的智力测试员仅能在商业色彩浓重的野战卫生队任职。没有任何专业职称的人都可以在那里担任军职。耶克斯曾经竭尽全力争取前往名声更大的野战医疗队担任军官，然而他没有成功。

上述军官全部走马上任后，他们在应征的新兵中监督实施的 A 试卷和 B 试卷测试将会达到每月 20 万人次。战争结束时，这些心理学家总计测试了 170 万人次。应征的新兵囊括了美国的所有种族，例如：乔克托印第安人、亚洲人、"希伯来人"（当年军方如此称谓犹太人）、非洲裔美国人、来自欧洲各国的移民，以及来自美国各州的白人青年。这些人里有穷人、富人、中产阶级人士、受过教育的人、目不识丁的人，等等，等等。这些当年的心理学家手里掌握着窥探所有美国男人头脑的利器。

第七章

智商测试 A 卷和 B 卷

智力测试的监考团队主要由教育学和心理学的研究生组成。《监考守则》里有这样的表述：为了让识字的应征者放松，监考员需要向应试者解释"考试的目的不是为了找出疯子，而是为了辨别我们最适合做什么"。《守则》同时还告诫监考员，须尽可能"和气"地对待不识字的应试者，因为他们"有时可能会发怒和拒绝做题"。

尽管有文字提示，要求监督考试的心理学家们态度和善，他们却常常态度极为恶劣——B 试卷考场的监考员尤甚。因而打破心理学家们订立的考场规则就成了家常便饭。尽管不认识英文的新移民做不好 A 试卷，他们往往也得不到做 B 试卷的机会。许多白人监考员一见到进场的黑人，径直就把他们领进 B 试卷考场，根本不考虑他们是否识字。《守则》要求监考员给初试中得零分的应试者提供一对一的复试机会，因为出现得零分的情况，原因很可能是监考过程有错。然而，白人监考员明知得零分的美籍黑人在一对一的复试中经常表现不俗，往往也不给黑人应征者复试的机会。

白人监考员对非洲裔美国人的种族误解是制度性的，这一点通过正规的 B 试卷的《监考守则》即可看出来。该《守则》之荒诞达到了令人无法置信的程度。该《守则》要求，无论面前的众多应试者是不会说英语的人还是会说英语而不识字的人——许多非洲裔美国人即如此，监考员都必须用手势而不是用语言解释考试规则。毋庸置疑的是，许多应征者见到这种场面，反而会陷入完全不知所措的境地，从未参加过考试的人尤其如此。他们目瞪口呆地看着一帮野战卫生队的白人军官站在考场前边，莫名其妙而且一声不响地大幅度挥舞着胳膊，然后考试就开始了。

一位持不同观点的心理医生这样评论道：监考员"受上级的指令，尽可能让应试者无法理解所参与的考试……监考员受命完成一套像芭蕾舞那样夸张和到位的规定动作，这套动作不仅跟智力考试毫无关联，使人蒙上一头雾水，而且还会形成一种让人摸不着头脑的神秘氛围，使应征者始终无法释怀"。

终于发生了不可避免的事：看着野战卫生队白人军官们的哑剧表演，一群非洲裔美国应征者在无聊透顶中"全场"睡着了！这无疑解释了黑人的分数为何不如白人。然而，罗伯特·耶克斯在批评黑人应征者们没有能力集中他们"相对较低的智力"时，并没有忘记提及发生在南卡罗来纳州的瑟韦尔军营的事：那里的监考员改用语言宣读《守则》——而非哑剧表演的方式，"这样做似乎取得了更为让人满意的结果"。

在得克萨斯州的特拉维斯军营参与监考的野战卫生队向其上级总部汇报时，是这样说的：B试卷"对黑人是一种理想的测试方法，所有黑人都应该做B试卷"。在完全不考虑考场条件的情况下，白人军官们的报告指出，黑人的平均心智年龄为10岁。

姑且不说军队的高层如何认真看待智力测试，也不论黑人遭受的待遇是否公平，许多（实际上是大多数）基层军官认为，智力测试纯属浪费。他们认为，主张智力测试的人才是"智力混乱的人"和"害群之马"，甚至更坏。军营里的指挥官们往往认识不到做智力测试的好处，因而在心理学家们组织考试时，作为召集人，他们有时会故意拖延时间。"心理测验"这一说法让人们感到既新鲜又怪异，还让人们觉得，心理学家们像一群骗子。"精神病学家"和"心理学家"之间的区别究竟是什么，许多军官当年并不知情。无论他们是些什么人，军官们厌恶这些人侵入自己的传统领地——插手军官晋级和人事分析，尤其在心理学家们实施一些粗制滥造的方法时。

新泽西州的迪克斯要塞司令官更是极尽嘲讽，他评价心理学家们对他的帮助有如"一帮文艺评论家，他们会指出我手下的哪些人长得最帅；要么就像一帮高级教士，向我指出哪些人是忠实的教徒"。他严肃地说，智力测试得分低的新兵最终往往成为好兵。一个曾经被总评为"减"（为帮助军官们正确理解百分制评分系统，心理学家们同时还用文字"优、良、中、减、差"进行标注）的士兵是个"忠诚、可靠、开朗、心态稳定、乐于助人的模范士兵……对这样的士兵，谁还会考虑他的'智力'？"

面对军官们的负面评论，罗伯特·耶克斯十分清楚应当如何应付新闻媒体。他在战后所写专论《美国军队的心理测试》(*Psychological Examining in the United States Army*) 里对上述迪克斯要塞司令官的评价是："对我们的工作给予了极大的关注，并给予了卓有成效的积极配合。"

除了沃尔特·斯科特，其他心理学家均不擅长与军人打交道。例如，心理学家们曾经走漏消息说，在军人群体里，做 A 试卷的军医得分比其他军官都要低。他们说，弗吉尼亚州的李伊军营的测试表明，66% 的技术人员和 57% 的炮兵军官获得了"优"（"非常优秀，知识储备足以胜任军官"），仅有 27% 的军医得了"优"。结果证明，军医们跟牙医和兽医们一样木，这与医生们的职业形象相去甚远。

还有更绝的，沃尔特·斯科特早就看穿了耶克斯和他那帮热衷于智力测试的同伴们，与其说他们在帮助军队，不如说他们是为了一己之私。在战争期间，他们居然集体请假前往华盛顿特区，开会研究如何为心理学造势。为了课题研究，他们竟然毫无顾忌地利用战争的机会搜集信息。例如，A 试卷的注意事项里有如下内容：应试者须填写个人信息——民族、原国籍、战前的收入、职业等，而这些对组织考试的单位毫无用处，对军方也显得多余，不过，对于研究人类智力分布的科学家们来说，这些信息可谓意义非凡。

鉴于心理学家们的上述态度，马里兰州的米得军营司令官的结论如下：他们尽职尽责，他们的工作肯定"对未来某一时刻的科技而言意义重大"，然而他们所作的测试"从深化新兵训练的实际情况看，可以说毫无价值"。

心理学家们并未等待社会对他们的敌意消退，便立即着手分析已然掌握的信息。其中的一个发现马上显露出清晰的轮廓：不识字的美国人比人们预想的多得多。耶克斯们发现，在超过 150 万受测试的新兵中，25.3% 的人不会"阅读并理解报刊、杂志，也不会写家信"。另有 5.7% 的人做 A 试卷分数极低，只好让他们做以图形为主的 B 试卷。耶克斯和他的团队曾经笃信智力为先天遗传，当得知上述 31% 的人中有半数以上并非移民，而是美国本土出生的人，他们被彻底震蒙了。

同时他们还惊奇地发现，接受正规教育越多的新兵，做 A 试卷越容易取得高分。一些研究人员估计，受教育程度和测试分数之间的相关系数高达 0.81。就智力测试的结果来看，这一发现足以令心理学家们不安，因为这样的测试对受过教育的应试者更为有利，且足以证明后天环境比先天遗传更为重要。还好，刘易斯·特曼为以上发现打了圆场，他的推理为：与稍显愚钝的同学相比，聪明的学生在校时间更长。

智力测试者们在激动不已的同时，也感到忧心忡忡，因为大多数应征者的表现实在是太差劲了。心理学家们第一次有机会接触社会的各个层面，而大多数美国人的迟钝出人意料。实际上，从技术层面上说，大约半数的美国人应当被判定为智力迟钝。精确地说，服务行业里有47%的白人和89%的黑人如此。白人新兵的平均心智年龄仅为13.08岁——仅比心理学家为"弱智"正式划定的年龄线高出1岁多一点点。此前心理学家们曾经以为，美国人的平均心智年龄为16岁，如今他们必须对此加以修正。

对于上述发现，刘易斯·特曼的结论是："按照如今的实际情况进行划分，弱智的发生频率似乎比此前预料的高出了许多。"

显而易见的是，如此一来，这成了个进退两难的问题。心理学家们意识到，他们不能将半数的应征者拒之于新兵的行列之外，不然，派谁去打击德国人呢？他们必须考虑军队的需求，降低心智年龄的门槛。一些征兵点的心理学家建议，应当将心智年龄低于10岁的人排除在服役的门槛之外。即便如此，门槛依然过高。他们最终将心智年龄的门槛降到了8岁以下。这样一来，军队即可获得充沛的兵员。

根据统计图表的显示，应征者的分数曲线基本上符合钟形曲线，因此心理学家们倾向于认为，测试结果表明，他们是在用科学的方法测定智力。有鉴于此，心理学家们开始了一轮新的推理过程。他们认为，正如弗朗西斯·高尔顿曾经推导的那样，智力是按比例分布的；他们因此指出，军队的测试分数也是按比例分布的。所以，针对应征者的考试测定的是智力。

对考试结果会形成什么样的曲线，美国军方不感兴趣。当军官们得知，考试的结果与他们的阶级偏见和种族偏见相一致，他们因在军中推行考试制度而悬到半空的心才稍有回落。A试卷的测试结果显示，军官们（其中75%上过大学）的得分比应征入伍的士兵们高。另外，南方的非洲裔美国人（其中20%从未接受过正规教育）无论做什么样的试卷，成绩总是最差。即使军方没怎么采纳心理学家们的分析数据，上述结果至少让军方的握有实权的人对心理学家们采取了容忍的态度。

耶克斯确实尝试过在军队里推行按智力测试的分数晋升，然而，他几乎没取得什么进展。第一次世界大战前，上级军官提拔下级军官，全凭个人的直观认识，军官向新兵们分配任务也无章可循。某智力测试监考员曾经说过，自第二次英布战争以来，至第一次世界大战前，军队里的人事分析从未改变过。"人们耳熟能详的故事是：英布战争期间，抵达南非城市开普敦港口的一艘运兵船的跳板旁站着一位英军的上校团长，手里舞动着一根马鞭，每见到一个人走下来，他就会凭着某种说不清道不明的预感大声喊道：'步兵！骑兵！炮兵！呃——医务兵！'"

为了使军队的人事管理赶上时代的步伐，军队的高层邀请沃尔特·斯科特出山，让他领导军队人事分类委员会（Committee on Classification of Personnel）。斯科特和他身边的人一起创立了军队系统的人事卡，专门记录每个人擅长做什么事，同时还创立了预备军官评价体系和商人潜力评价体系。

"旧有的人事系统类似于传统的手工作坊，里边的每个物件都是手工制造的，从头至尾由一个人制作。"这是军方的人事管理文件中的正式记载。"新系统必须像个大型工厂，每道工序独立，规模化的产品必须通过严格的分工和严密的组织才能得到保障。所有的人必须经过分类、登记、指派，就像进入大型仓储集散中心的货物，按照订单进行接收、检验、分类、储存、运输。"

换句话说，如此先进的分类足以说明，智力测试的条件已经成熟。这让心理学家们看到了希望，终于能够按照统一的标准对人们的思维能力进行分类了。不过，由于沃尔顿饭店会议上的分歧犹存，耶克斯被排除在这一进程之外。在沃尔顿饭店争吵过后不出几个月，耶克斯认识到，斯科特跟军方决策者的关系比他跟军方的关系瓷实得多，他只好忍气吞声，与斯科特的委员会套近乎。耶克斯给斯科特的信是这样写的："我充分地相信，只要我们形成合力，而不是单打独斗，我们一定可以为心理学以及国防建设贡献更多。"其结果是，每一份人事卡都印上了 A 试卷和 B 试卷的成绩栏。如果说智力的分值在日常的人事管理中起不了太大作用，至少从理论上说，它会应用到未来的所有人事决策中。

在现实中，某些人事部门的军官会按照智力考试的成绩分派职务，将每一批人员"按比例分成能力强的人、能力适中的人和能力弱的人"。有时候，军方会借助智力考试的成绩从招募的新兵中选拔军官，不过，这一方法从未形成制度。直到"二战"结束，军方才依据智商测试的结果分派男兵和女兵担任相应的职务，且形成了制度。

由于罗伯特·耶克斯乖戾而自命不凡的学术秉性，外加呆板的职业作风，以及其所从事的智力测试，他始终没给军方留下什么好印象。军方的上层授予心理学家们的军衔始终低于他人。战争初期，心理学家们常常被授予中尉军衔，而医生们则被授予上尉、少校、中校军衔。在整个战争期间，人们明显感到，耶克斯对心理学家们享受的个人待遇和职业待遇表现出愤愤然。他曾经写道："说实在的，在野战卫生队任职的能干的、富有经验的、训练有素的心理学家们仅仅被授予低级军衔，无论对这一崭新的行业来说，还是对有关人员来说，都是一件特别有失公平的事。"

战时，军方从未真正理解从事智力测试的人们。战争结束前，按照陆军部作战计划处（War Plans Division）的规定，对于智力有缺失者的去留，心理学家们不能参与决策，而这正是心理学家们介入军队的主要意义。另外还有，军方仅授予沃尔特·斯科特陆军服役荣誉勋章，他是获得勋章的唯一的心理学家。对耶克斯曾经作过的艰苦卓绝的努力,战时国防部部长仅仅道了声谢——他并非直接道谢,而是通过斯科特转达的,后者对此肯定会暗自窃喜。对这样的结果,旁观者肯定会觉得,这是近乎公开的侮辱。

对于在第一次世界大战中浴血奋战的美国军队来说,智力测试究竟有没有用,到头来谁都说不清。难道能看懂产品广告中"天鹅绒·乔"(香烟广告中的人物)表演的士兵,投身于血腥的默兹—阿尔贡战役(Meuse-Argonne offensive)①的枪林弹雨中时,会比其他人表现得更勇敢?我们不妨换个更为实际的比喻,难道能够正确地回答"为什么猫是有用的动物"——此问题出自 A 试卷——的人在看地图和领悟长官的命令时,会比其他新兵表现得更出众?这样的可能性确实存在。然而,这并非定论。

军方筛选过的人数总计达到 500 万,其中 80 万人没过关,4.2 万人的问题出在精神或感情上。按照罗伯特·耶克斯的说法,心理学家们检测出的智力缺失者不足 8 000 人,他们曾建议军方禁止这些人服役(最终的决定由一个评议团作出,心理学家们仅仅不定期地参加评议)。谁也说不清,军方最终是否采纳了心理学家们的建议——我们不妨换一种说法,即使军方采纳了上述建议,谁也说不清军方的效能是否因此得到了提升。

即使往高里估算,因大规模测试而受影响的人,其数量依然少得可怜。历史学家弗朗兹·塞缪尔森的统计如后:"通过测试,最多仅能筛选出全部人力资源的 1% 的六分之一,占淘汰总数的 1%;或者说,占因为智力问题拒收(或遣返)的人总数的 10%。一个人都筛选不出来的可能性实际上也是存在的。往最坏里说,筛选出的人数相对来说非常少,而这些人事实上完全符合军队的征兵条件。"

---

① 发生于法国和比利时交界处的一次战役。——译者注

第一次世界大战时期的智力测试或多或少和埃利斯岛上的测试非常相似：总体上说，许许多多的人参加过测试，然而极少有人受到实质性的影响。战争期间，尤其是战后，心理学家们取得了重大的进展：他们让社会认识到了智力测试的实用性和重要性。不过，与改善军队的状况和保卫国家相比，他们在推进羽翼待丰的心理学方面显得更为成功。

或许智力测试对美国的战争进程帮助不大，可是它在以下四个方面依然取得了非常重要的成就：第一，在智力测试的基础上，心理学的声誉得以确立；第二，大规模的测试在战前形式繁多，包括测定人们各种各样的个性特征，而心理学择其要点，将其统一为独一无二的刚性方式；第三，由于战争期间军队采纳了智力测试，导致全美各地的学校对智力测试趋之若鹜，因此，一个利润丰厚的产业喷薄欲出了；第四，20世纪20年代，人们对A试卷和B试卷测试结果的分析引发了学术争议，因而派生了种族主义、本土主义、仇外排外等趋势。

尽管军队不看好智力测试和它所带来的实际效果，罗伯特·耶克斯、刘易斯·特曼，以及这两个人在野战卫生队的同行们，依然坚守着"利用战争为契机提升事业和研究"的观点。自从那个年代迄今，全美国的学生们一直在参加智商测试，以及由智商测试派生的SAT考试①和研究生入学考试（graduate school entrance exams）。令人惊讶的是，很少有哪个学生听说过沃尔特·斯科特，以及他的"科学选拔销售人员考试"。对军方而言，如果说A试卷和B试卷考试远不如

---

① 俗称美国大学入学考试，英文为Scholastic Aptitude Test / Scholastic Assessment Test。——译者注

销售人员考试火爆，智商测试为什么不仅在战后存活下来，而且还在上个世纪的剩余时间里迅速蹿红？

其他考试衰落了，问题并非出在质量不如人，而是因为一系列问题，诸如缺少肆无忌惮的冲劲，缺少王婆卖瓜的精神，缺少准确的时机把握。战前，由于拨给研究项目的资助少得可怜，耶克斯、特曼和其他智力测试的发明人等，个个都会出于一己之私拼命争抢，其结果是，每个人仅能分到一点点资助。战争教育了心理学家，使他们认识到，与其一个人在艰难困苦中单打独斗，不如大家团结协作。然而，结果是大不幸的，许多心理学家因此丧失了犀利的睿智。第一次世界大战前，罗伯特·耶克斯曾经非常认真地对刘易斯·特曼的智商测试及其测试方法大加挞伐。耶克斯所批判的是，特曼的考试太僵化，完全不承认近乎正确的答案，而耶克斯的智力等级考试则接受这样的答案。耶克斯还认为，特曼在统计中过于强调实际年龄，而不考虑诸如性别、种族等等同样重要的其他因素。耶克斯曾早于诸如斯蒂芬·杰伊·古尔德（Stephen Jay Gould）之类的当代评论家指出过，采用统一的标准比对不同族群——例如在黑人和白人之间比较——指数的危险性，因为这样的比对没有考虑不同族群的生存环境。

战后，经过战场洗礼的耶克斯似乎患上了健忘症：他似乎忘了，他曾经对特曼的斯坦福—宾尼特智力测试套题一向采取批判的态度，他似乎也忘了自己的测试方法和测试套题。由于第一次世界大战，美国境内——后来扩散到了世界的其他地区——的各种智力测试被限制到了特定的范围，斯科特和耶克斯的测试方法不见了踪影。成功地生存下来并且很快变得利润丰厚的试题只有一种类型，即基于军方的 A 试卷改进的刘易斯·特曼的斯坦福—宾尼特智商测试题。心理学家们在这套试题背后形成了合力，并因此获得了资金、权利、尊敬。他们为此付出的代价是，毁掉了其他更有潜力甚至是更好的测试方法和想法。

也是在战后,刘易斯·特曼的事业不仅得到了社会的认可和支持(1922年他成为美国心理学会的会长),而且他个人也极具前瞻性。他十分清楚什么地方——当然是学校——最需要他的测试,也清楚怎样兜售试卷。像许多优秀的销售人员一样,他看到了现实世界对他个人的眷顾。战后不出几年,他曾经提出,军方的A试卷和B试卷测试"毫无疑问证明了,在提高军队的效率方面,智力测试能够发挥价值巨大的作用……将它们广泛应用到课堂,很快会被社会接受,这对提高教育的效率是必要的。毫无疑问,这种事必然会发生"。

在社会公众们看来,战争期间,军队似乎一直在支持智力测试。一位智力测试从业人员是这样说的:"世界大战前,对于智力测试的价值和实用性,这一行业的从业人员恐怕一点儿信心都没有。他认为,心理学家们在战后设计出了一种简单的、相对完善的智力测试方法。"理所当然的是,什么都没变,只不过公众的观念变了。

美国的公众们认为,第一次世界大战使得智力测试迅速成长,使之从狭窄的仅用于测定智力低下者的有限领域,扩展到了能够对整个人类——包括聪明人、木讷人、正常人——进行分类和分级。在智力测试的历史上,詹姆斯·麦基恩·卡特尔——哥伦比亚大学的教授,在世纪之交时他曾经说过,他的心理学测试毫无用处——说过的一句话日后成了名言,即,第一次世界大战"将心理学推广到了全世界"。

特曼和耶克斯最大的成就并非说服军方对应征的新兵们进行测试,而在于让整个国家相信,军方采用的心理测试有用,卓有成效,尽管支持此种说法的依据乏善可陈。战争甫一结束,特曼就说过,他立即"收到如雪片般飞来的公立学校的请求,希望在教育系统里使用我们在军队里使用的智力测试"。

在接下来的一年中，耶克斯和特曼预见到，应该利用洛克菲勒基金会（Rockefeller Foundation）的资助，创建"国家智力测试体系"（National Intelligence Tests），在小学三年级到初中三年级应用。他们的努力得到了许多前军方智力测试执行人的支持，后者帮助他们把军方的试卷进行了改进，使之达到了尽善尽美的程度，并适用于资金匮乏、学生鱼龙混杂、生员庞大的公立学校。这一改革的完成顺理成章。

20世纪70年代早期，心理学史学家乔尔·斯普林（Joel Spring）曾经说过："军队和学校理所当然是形式相同的社会组织。巡视员类似于军队的司令员，校长像是战场上的指挥官，老师们好比是军官。像庞大的军事组织那样，这一系统的最下层是成群的学生。传达命令总是自上而下，学生们像士兵们一样，只能接受，不享有权利。"

和军队一样，学校是人口最集中的地方，学校也不知道如何才能将人群分类。军队将A试卷以超低的价格向社会出售时，大专院校将其迅速抢到手。全美国的中小学纷纷攘攘地希望出台国家智力测试体系，以便将学生们"分轨"，分别进入高、中、低班。

从深层次上说，让教育工作者们趋之若鹜的是单项选择的提问方式。它在第一次世界大战中广为应用，实际上它是一种独具匠心的、革命性的考试技术。这种考试容易实施，容易评判，校方无论指定什么人监考，考试都能进行。

截止到1921年，特曼和他的合伙人已经售出了40万份用于小学三年级到初中三年级的国家智力测试题，以致特曼像当年的亨利·福特①那样豪爽地放言：不久以后，全美国"每个孩子都会参加智力测

---

① 当年福特向银行申请贷款时曾经放言，要造出"让每一位美国人都买得起的汽车"。——译者注

试"。由于特曼强有力的手段，科学和规模化的营销及规模化的生产相结合，工业的标准化体系也融进了教育。20世纪20年代中期，心理学家们为学校编撰的各类智力测试题将超过75套，每年参加测试的学生将达到400万人次。

特曼向校方保证说，他的测试套题可以揭示学生们内在的、恒定的能力，即一种称做智力的可以测量的特性。"在孩子入学后的第一年，通过作智力测试，即可非常准确地预估孩子接受教育的极限。"这是特曼的原话。他进一步解释说：一旦学校掌握了孩子内在的能力，它们就会变得更有效率。不应当按孩子们的年龄分班，而应当按他们的能力分班——用心理学的说法即是：按心智年龄分班。如此一来，每个孩子都可以按照天生的能力学习与之相适应的知识，有天赋的孩子们会受到激励，而缺少天赋的孩子们也不会因为班里其他同学进步快而备受打击。

兜售考卷的人们是这样向校方推介的：借助国家智力测试题，可分出"低于正常"和"绝顶聪明"的孩子，以便向他们提供就业指导（按价值取向由低到高排列），"例如体力劳动、销售行业、有专业技能的职业"等。1922年，特曼在一个分析报告中对就业指导进行了科学细分，其分析如下：真正木讷的学生往往低于70分，他们只能从事敲打石头或其他没有技术含量的工作；分数在70和80之间的学生仅能操控几种简单的工具。在智力表上逐渐往上排列的行业有：分数在80和100之间的学生可以从事有技术含量的工作或一般行政工作；分数在100和115之间的学生可以成为半职业经理人（例如基层销售人员）；115分以上的是最高等级和最受欢迎的学生，他们可构成职业阶层和商人阶层。

特曼和他的同伙将自己标榜成了印度等级社会最高一级的婆罗门，将他人的命运玩弄于股掌之中。心理学家们成功地使全社会相信,唯独他们有能耐预测——于 50 分钟内!——孩子们在未来社会中的位置。例如,将来这孩子是个花匠,那孩子是个建筑师。20 世纪 20 年代,在心理学家们的倡导下,工作在教育口的人们开始谈论"按能力分班"、"按类型分班"和"追踪分析"等。在学校里,每个阶层都有自己的位置,在社会中也如是。分数低的班级和高分班的教学内容不一样,教学进度也慢,唯有缺少天赋的孩子们才能接受这样的方法。事情远不止如此,许多学生接受的训练是如何修理汽车,如何使用手镐,如何制作木器。当然,这是智力测试的极端化表现。心理学家们认为——今天仍然有人这么认为,他们可以通过一种能够测出来的被称做智力的人类特性重新构建社会。

除了将智力测试引进教育领域,专家们还利用战争期间采集的 170 万人次的测试结果大做文章。摇笔杆子的人们总结了政治的和政策的教训,谈论最多的是罗伯特·耶克斯根据美国的智力状况所写的长篇专著《美国军队的心理测试》。由于战争期间从入伍的新兵们身上采集的信息因人而异,人们才得以根据他们的智力对各阶层的人进行分类和比较。这些研究经大众传媒披露后,美国人才认识到,他们显然够傻的(别忘了,根据测试结果,差不多近半数美国人智力迟钝)。

对上述结果最感兴趣的人包括广告从业者。军队的智力测试结果在广告行业的出版物上大肆宣扬,犹如市井中的传奇,多多少少被曲解了。一个广告人这样评论道:"多数人的智力仅相当于 10 岁的孩子。"似乎美国的广告人需要立即改变自己,不必再打阳春白雪样的广告。另一位广告人这样解释道:"别忘了,美国公民的平均智力水平仅相当于 12 岁的孩子。"

文艺评论员们说,测试结果恰如其分地解释了为什么街头小报和庸俗电影在美国大行其道。出版界展开了应当坚持写睿智的文章还是应当用老百姓能看懂的文字进行写作的大讨论。《时代周刊》决定走高端路线，不必"为迎合弱智先生和弱智太太以及小弱智们使刊物的特征多样化"。

耶克斯的战后专论《美国军队的心理测试》让心理学家、种族主义者、优生论者、仇外主义者（有时会四者合一）有了由头，借势对社会中的民族进行比对，其形式有如兄弟姐妹一家子相互攻讦的专题节目。比对的结果是，非洲裔美国人的平均智商比白种人低15分。对20世纪20年代的美国报界来说，这算不上新闻，因此新闻报刊对此不屑一顾。其时评论家们更为关注的反倒是每天抵达美国的来自南欧和东欧的移民们。耶克斯在《美国军队的心理测试》一书中用整页整页的分析图表、图示、数据等解释道，和受欢迎的英国移民相比，社会不甚待见来自其他国家的移民，原因是他们的平均智商偏低。例如，从1912年伊始，亨利·戈达德一直在埃利斯岛上测定移民的智力，他发现，来自北欧的人仅有3%有智力缺失，而来自南欧的人9%有智力缺失。

军队进行的测试在很大程度上佐证了上述关于民族的新发现。在《美国军队的心理测试》一书中，耶克斯利用柱状图表对大约13 200位出生于美国之外的应试者进行了比对。英格兰在图表上排列第一，因为做A试卷得"优"的英格兰人数量最多，依序排列在其后的是荷兰、丹麦、苏格兰。图表显示，按地理分布往南方和东方延伸，来自欧洲大陆的白人当中，最愚钝的应征者来自俄国、意大利、波兰。

正如十多岁的孩子喜欢看恐怖电影，当年的美国人喜欢耸人听闻的恶作剧。那一时期的心理专家们兴之所至，囫囵吞枣般地阅读和反刍着耶克斯的专著，变着方法标新立异。譬如说，作家卡尔·布里格姆（Carl Brigham）——战时他是耶克斯的助手，后来他利用军方的测试套题创立了美国大学入学考试——曾经说过，46%来自波兰的人，42.3%的意大利人，39%的俄罗斯人和黑鬼们一样愚钝。在某些情况下，他们甚至更愚钝。布里格姆很了解他的受众，因此他以黑人的智力作为基准。

学者们阐述智力测试能够反映不同民族的遗传差异时，往往将自己打扮成传声筒，也即是说，向公众披露冷冰冰的事实是他们的分内工作。他们宁愿去做与分内工作毫不相干的事，因为他们唯恐向公众说出真相，会惹来杀身之祸。布里格姆也不例外。谈到自己的新书《美国智力之研究》(*A Study of American Intelligence*)，布里格姆在写给耶克斯的信中这样说道："无论事实多么难以启齿，我都不害怕说出真相；结果如何，我都会笑颜以对。假如公布的'结果'与事实相近，我会把手头所有的东西集中起来，购买短期人寿保险，以便留下点儿遗产。"

布里格姆坚持认为，美国正处于一个严峻的关头。既然第一次世界大战已经成为过去，成千上万贫穷的欧洲移民重新挤爆了埃利斯岛的移民大厅。这些笨蛋们正在融入纯血统的北欧后代，使美国的人种素质下降。更糟糕的是，黑鬼们早已存在于美国，他们也制约着美国的平均智力。黑人和不断涌入的劣等白人组成的基因库威胁着美国，让霉运当头的美国雪上加霜。而欧洲各国却不必为此分心。"如今，我们必须对付的种族混合比任何欧洲国家所面临的都更加严峻。因为我们正在把黑鬼融入我们的种族，而整个欧洲离这一污渍相对较远。"这是布里格姆的原话。"由于我们这里存在着黑鬼，美国人智力水平的下降比欧洲民族国家智力水平的下降快了许多。"

在布里格姆以及和他观点相同的思想家们看来，美国国会有义务捍卫美国的国家智力。"需要采取什么步骤保存和提高我们现有的智能，理所当然应该遵从科学，而非遵从政治权术。"布里格姆这样阐述道,"不仅要限制移民,更重要的是要选择移民。"

当时国会已经远远地走到了布里格姆前边。布里格姆的《美国智力之研究》出版发行之时,立法机构早已建立了移民配额制度。布里格姆及其同伙的文章在国会山上尽人皆知,而军方的智力测试结果早已给立法者们提供了科学旁证,使排外的移民法成为永久性法规。大幅度减少来自东欧和南欧的移民数量,将他们阻挡在美国之外,其政策并非由心理学家制定。不过,说起反移民运动中具有的科学成分,则主要来自心理学家。

如果说第一次世界大战为美国的心理学家提供了一次效忠国家的机会,那么他们中的多数人认为,他们最大的贡献是智力测试。他们选择的做法——主要是特曼的斯坦福—宾尼特测试题跟利用纸和笔完成的动手作答的提问方式的混合——在更大程度上巩固了心理学的领域。不过,由于智力测试的效果被过分夸大,心理学家们对法律和教育政策的制定起了不好的作用。如今的青年学子们经过一次考试就被分配到不同的班级,另外,非洲裔美国人和来自其他国家的移民们"天生不如人",也被当做经过了科学验证。

第八章

美国曾经的绝育历史

20 世纪 20 年代,居住在弗吉尼亚州夏洛茨维尔市的年轻女士卡丽·巴克(Carrie Buck)面临着许多问题,而且多数都是她无法自行解决的问题。她的父亲已经去世,母亲埃玛(Emma)很穷,没受过教育。卡丽很小的时候,当地政府认为,她的母亲是个智力有缺失的人,因此将其送进了收容所。这样一来,卡丽和她的姐妹们便失去了双亲。卡丽 3 岁时,开始和养父母约翰·多布斯和艾丽斯·多布斯夫妇(John and Alice Dobbs)一起生活。他们住在托马斯·杰弗逊(Thomas Jefferson)①亲手设计的弗吉尼亚州立大学的校园附近。多布斯夫妇让卡丽上了五年小学,后来,她辍学待在了家里。

1923 年夏,艾丽斯·多布斯为避暑去了乡下,她侄子利用这个机会强奸了 17 岁的卡丽,致使她怀了身孕。这一看似乡土的家族内部的事件,不仅会改变卡丽的人生轨迹,甚至会导致遍布世界的许多人改变其人生轨迹。

多布斯夫妇打算掩盖其侄子的罪行,方法是启动程序,将卡丽交给政府机构看管。约翰·多布斯去了红十字会驻夏洛茨维尔市办事处,向其报告他家有个怀孕的"女孩"。他"希望某个机构能接收她——把她送到某个收容所"。约翰和他太太还向当地民事法院递交

---

① 美国第三任总统,1776 年美国《独立宣言》的主要执笔人。——译者注

了起诉书，他们在诉状里说"和他们住在一起的是个患有癫痫和智力有缺失的人，是个17岁的名叫卡丽·巴克的白人女孩"。他们还说，她并非一向如此，她的病情大约在10岁或11岁出现，随后逐渐加重。他们的诉状里还有这样的说法："作为投诉方，我们出于好心才收养了她，长期以来我们已经尽了力。"不过，眼下已经到了送她去州立癫痫患者和低能人收容所的时候。不巧的是，她母亲早就进了收容所。

1924年1月23日，夏洛茨维尔市民事法院的一位法官签发了传票，传唤卡丽和她的亲生父母以及养父母到庭，由一个委员会裁定卡丽是否为智力缺失者或癫痫患者。法院授权约翰·多布斯携卡丽出庭。约翰当时在夏洛茨维尔市汽车公司工作。听证会在签发传票的当天就开始了，出席听证会的仅有多布斯夫妇和卡丽。因为卡丽的母亲被关在弗吉尼亚州林奇堡市，而她父亲早已去世，从案件伊始到1927年此案转到美国联邦最高法院，前后历时三年，在此期间卡丽一直没有律师。

卡丽·巴克案件在法律上的重要性，不仅体现在智商测试如何在20世纪上半叶被应用到了医学领域和司法领域，更体现在公众对智力——尤其在涉及智力有缺失的人时——没有恒定的认识。人们常常会根据人的行为任意而灵活地为其定性，有时候也会根据智商测试的结果为其定性。以往，人们关押下贱的女人，常常是由于她们行为恶劣，例如贫困导致的下作和卖淫。不过，自从出现了卡丽·巴克案件，情况将大为改观。

在是否应收容卡丽的听证会上，民事法官指定两位夏洛茨维尔市的医生——其中一人为多布斯夫妇的家庭医生——和他本人共同组成了一个临时委员会。他们注意到，卡丽的健康状况极佳，至少身体状况如此。然而，多布斯夫妇的家庭医生指证说，他以前"为卡丽·

巴克作过检查，并且发现，从法律意义上说，她是个智力有缺失的人。而智力有缺失的人属于收容所的收押对象"。至于医学方面的专业鉴定，情况如后：没有证据表明，这位医生曾为卡丽作过智商测试，他仅仅引申了法律定义——谁也说不清他引申的究竟是什么，便将卡丽定性为智力有缺失的人（尽管证据缺失，两位医生居然也发现卡丽患有癫痫病）。

法院判定应当收容卡丽，所依据的不过是多布斯夫妇对一连串例行问题的简单回答，而不是能够实质性地证明卡丽智力有缺失的证据。对法官的提问"她的怪异有多明显"，多布斯夫妇的回答仅仅是"行为怪异"，对此他们并没有作进一步的解释。对如下提问"病人是否老实和诚实？如果不老实，请详细说明"，多布斯夫妇的回答也仅仅是"不老实"。更为恶劣的是，此案不仅证据不足，多布斯夫妇对一系列提问的回答竟然前后矛盾。在案件审理初期，多布斯夫妇说卡丽以前从未出现过"癫痫、头痛、痉挛、抽搐、神经过敏或类似症状"，然而，过后他们似乎忘了这些，又改口说她的癫痫症"打小"就有。

如上所述，尽管案件存在着证据不充分、前后矛盾以及证据不足，临时委员会仍然认为卡丽"智力有缺失，或者患有癫痫症"，因此判定将她送交政府机构看管。卡丽是个骨架很大、颧骨高耸的女孩，深色的头发修剪得很短。从当时的文字记录看，在整个案件的审理过程中，她始终没开过口。签发传票和召开听证会的当天，法官便宣判将她送到位于弗吉尼亚州林奇堡市的州立癫痫患者和低能人收容所。

这种不必依据任何生物技术和鉴定，仅根据人的行为和当前情况即可认定其智力的案例，使美国的主流社会在随后数年里把卡丽以及数以十万计的人当做智力不足的人看待。不久之后，州立收容所采用斯坦福—宾尼特智力测试题为卡丽作了一次测试。从本质上说，卡丽被州立收容所接收，并非由于她真的作过什么智力测试，而是由于她可怜，怀有身孕，无依无靠。在收容卡丽的过程中，唯一的插曲反倒是导致整个事件的原委：她所怀的胎儿即将出世。而多布斯夫妇必须等到卡丽生产之后——她生了个名叫维维安（Vivian）的女孩——收容所才能接收她。最令人难堪的是，州政府接收卡丽后，多布斯夫妇又收养了维维安。

卡丽生完孩子不久后的1924年6月4日上午，她和红十字会的工作人员卡罗林·威廉（Caroline Wilhelm）一起上了火车。五个月后，卡罗林以负面角色再次出现在卡丽的案情里。卡罗林把卡丽交给了位于林奇堡市的收容所。卡丽的新"家"位于城北的詹姆斯河畔，占地面积4平方公里。这里风景如画。不过，对收容所里的成员们来说，这里的气氛压抑得可怕。收容所里的大多数成员是被遗弃的穷孩子和青少年，这里人人都强制劳动。男孩们干的都是田里的活，女孩们则在餐厅和厨房里做家务，每人每周仅有25美分收入。对明显违反规定的成员，林奇堡收容所的惩罚包括关"小黑屋"，最长可达90天。此类惩罚还包括剃光头、单独关押。衣服仅有一件病号长袍，随身用品仅有一张床垫和一个桶。

20世纪20年代，"低能人之威胁"一说仍然在美国和欧洲大行其道，卡丽和母亲以及出生未久的女儿正好赶上了不幸的年代。不过，那一时期的政治和经济形势已经发生了变化，人们已经不那么附和代价高昂的关押政策。尽管智力缺失者们已经被收容了一个时期，优生学家们曾经承诺的犯罪、贫困、酗酒以及其他社会弊端将会大幅度减少的情况并未出现。

另外，将智力缺失者关押起来作为一种理论，至此已经丧失了部分号召力。不管怎么说，第一次世界大战结束时心理学家们已经揭示出，将近半数的美国人为低能人，怎么说也不能把将近半个国家的人关起来吧。无论如何，不管低能与否，应当说大多数美国人都是遵纪守法的人。20年代到来之前，各收容所的所长们已然认识到，即便是心智水平只能达到5岁的人，来到高墙之外，也不会对社会造成危害。所以，人们大可不必像以前那样，每当说起智力缺失者就会产生一种谈虎色变的恐慌。

也是在20世纪20年代，科学发展已经揭穿，"智力由某一基因控制"是伪学说。更为重要的是，遗传学家们已经逐渐认识到，即便是果蝇类的低等生物，其遗传特征也非常复杂，更不用说人类了。对这些科学家而言，智力是个尚无法定义且一定非常复杂的特征，因此，说智力受某种基因支配——且不受环境影响——已变得相当可笑。1925年，遗传学家赫伯特·詹宁斯（Herbert Jennings）曾经论述道：优生学家所谓复杂的智力特征受某一类基因制约，"显然是老话只知其然，不知其所以然的鲜明写照，这非常危险。如今这一学说已经寿终正寝，不过它的阴魂尚未散尽，且毫无自知之明……无论是虹膜的颜色，还是身材的高矮，抑或是智力的缺失，以及其他特征，全都不是鲜明的特点"。

即便有了上述研究成果，令人诧异的是，人们对智力缺失者的担忧依然如故。社会学家、行业专家和政策制定者们对智力发育迟缓的人在社会上构成的危险依然感到困惑。只是到了20世纪20年代，由于经济大环境使然，他们必须降低收容所的经营成本，因此他们需要新的解决方案，使他们不必在智力缺失者生儿育女阶段依然将其关押在收容所里。当时的社会现实迫使人们认真考虑强制绝育。多年以来，人们一直在探讨强制绝育，甚至已经在实施强制绝育，而今它的重要性日益突显出来。人们认为，对智力缺失者而言，这样做既不像让其死亡那么极端，也不像将其关押那么昂贵，这是几害相权取其轻的上佳之选。

不过，卡丽·巴克案件浮出水面之前，大多数州把强制绝育视为非法，因而在多数情况下，这种事都是秘密进行的。即便在将其视为非法的州里，这种事也一直没有间断过。人们早就知道，收容所里一直存在着强制绝育。卡丽被收容所接收之前，乔治·马洛里（George Mallory）早已知悉，州立癫痫患者和低能人收容所的负责人艾伯特·普里狄（Albert Priddy）博士数年来一直不动声色地为其容留人员做非法绝育手术。乔治·马洛里住在弗吉尼亚州里士满市，是个贫困潦倒、没受过教育的有12个孩子的男人。1916年9月，马洛里正在郊外的一个木材厂干活，他老婆维莉（Willie）被捕了，据称是因为经营妓院，他们的12个孩子也一起被捕。青少年法庭开过一次听证会后，他们最小的孩子被送进了流浪儿收容协会，理由是其"一直受到邪恶的、不道德的影响"。法庭还检查出，他们的两个大女儿以及维莉本人均为智力缺失者。法庭因此将她们送进了位于林奇堡市的收容所。六个月后，维莉和一个女儿被放了出来，唯一的原因是，普里狄已经给她们做了绝育手术，认定她们再也不会为害社会了。

马洛里夫妇14岁的女儿南妮（Nannie）一直留在了收容所里。虽然她一直被关押着，她的输卵管却完好无损。1917年11月，马洛里写信给普里狄说，没必要给南妮做手术，同时要求将其释放。

他写道："尊敬的先生：我再次写给你信，问关于我的孩子，我没办法买东西送她。"此前马洛里曾写信给南妮，并送去一包东西，然而他没有得到任何回音。"我想知道我的孩子什么时候回家。我家冤枉，我家破裂，像白人奴隶样。医生，你没经我同意，不能在我太太和女儿身上做手术。我是努力工作养家糊口的人，看到我的信，你就能知道，我是……我太太43岁了，受那种对待。在她那把年纪，你还给她做那种手术，你该羞愧……我和你都一样是人，不想被那样对待。我没其他要求，只想让孩子回家。"

这封信让普里狄怒不可遏。他在回信中写道："我收到了你 11 月 5 号的信，那是一封充满侮辱和威胁的信。我想明白无误地告诉你，如果你胆敢再给我写信，我会逮捕你，把你也关进收容所。"

木材厂的工友马洛里没有被吓倒，他递交了诉状，要求释放他的孩子。他仍有几个孩子关押在流浪儿收容协会，南妮仍然在收容所里。就这一诉讼请求而言，他成功了。不过，就他太太因强制绝育带来的痛苦和折磨提起的法律赔偿要求，他败诉了。普里狄多年来一直提倡通过绝育推行优生，他成功地捍卫了自己的立场，其理由是，手术对马洛里太太的健康很有必要——即是说，她没有优生基础。尽管普里狄赢了官司，法官还是在结案后找他谈了一次话，建议他在弗吉尼亚州立法将绝育合法化之前，不要再以优生的名义做任何绝育手术。

艾伯特·普里狄只好耐心等待。他的希望全都寄托在数年后出现的卡丽·巴克身上了。卡丽到达收容所的时间不早不晚，正好使她成为强制绝育在法律审判方面的试金石。卡丽到来前，普里狄只能悄悄地为女性做绝育手术。事实上，在马洛里对普里狄提起诉讼前，后者曾公开宣扬以优生的名义实施绝育手术（例如他曾经提到给"20 位年轻的低能女性"做过手术）。马洛里诉普里狄案（*Mallory v. Priddy*）浮出水面后，收容所的记录里出现了更多关于盆腔疾病的记录，以及病人为"解除身体痛苦"做手术之类的说法。实际上，情况并未发生变化，普里狄仍然在为智力缺失者做绝育手术。不过，在正式的记录里，手术名称都使用了别名。

由于马洛里一案审理的公开化，普里狄不胜其烦。他希望继续为青年女性做手术而不受惩罚，因此，从 1920 年起，为了使"优生绝育"手术合法化，他一直在弗吉尼亚州四处游说。弗吉尼亚州立大学的人类生物学教授、历史学家保罗·隆巴多（Paul Lombardo）工作的地方和卡丽·巴克成长的地方近在咫尺，他曾经评论说："这是20世纪20年代民事侵权改革的风格。普里狄成为被告，而他却希望免罪。"普里狄终将获胜，而世界将为之改变。

保罗·隆巴多对卡丽·巴克的了解之深入，无人能出其右，因为从1980年开始，他一直在研究卡丽案件——有时全心全意，有时半心半意，不过多数情况下是全心全意的，那时他还是在弗吉尼亚州立大学攻读历史的研究生。有一天，早餐时间已过，他在校园外的大街对面进早餐时，偶然在报上读到了关于卡丽的事。他和当时的指导老师谈了此事，隆巴多是这样记述的："老师说，'那是很早以前的著名案件，你也知道？'我点了点头说，这我知道。其实我什么也不知道。我的意思是，我在报纸上看见了对此事的报道，除此而外我一无所知。"

隆巴多开始发掘有关卡丽·巴克的史料。即使有人注意过它们，人数也屈指可数。他把这些史料都用到了他的博士论文里。时间回溯到20世纪80年代初期，似乎没人会注意这些。"令人诧异的是，我写毕业论文那会儿……没有人对这一论题感兴趣。"人们认为"谁会关注那些如此这般在身上挨刀做手术的人，别的不说，那可是一段不光彩的历史啊。所以，没有人注意过这一选题"。

卡丽·巴克的经历不会让隆巴多倍感凄凉。他拿到哲学博士学位后，继续在弗吉尼亚州立大学法学院攻读，不过，他把时间过多地花费在了自己的研究领域之外，一年到头在弗吉尼亚州四处搜集与卡丽有关的史料。一个时期以后，隆巴多注意到，所有的报刊文章都指向林奇堡市，那里是弗吉尼亚州立收容所（该收容所如今仍在原址，只不过改了名字）和它的负责人艾伯特·普里狄博士所在地。隆巴多追索复杂的报刊文章,揭示出一个真实的美国式立法阴谋,它是一小撮怀揣个人野心和意识形态抱负的弗吉尼亚人操纵的结果。

隆巴多说:"所有的报道简直就像个美国故事集萃,涉及政府官员们的无能、穷人和被遗弃的人遭遇的不公、具有不同世界观和不同阶级的人们的对立冲突等等。故事的主线是一个成为象征的小女孩,而最终结果证明,她遭遇了完全错误的对待,尔后死去。这些素材足够编写出一部波澜壮阔的史诗。"

隆巴多发现,普里狄最初提出的优生绝育法案未能在州立法机构获得通过。1924年,他转而求助一位优生学领域的合作伙伴,州参议员奥布里·斯特罗德(Aubrey Strode)。长期以来,他们一直是朋友。斯特罗德同意起草议案,提交州参议院讨论,使优生绝育合法化。他十分清楚,多年以来,各州的法院一直反对使优生绝育成为立法,因为它违宪。因此,为了绕过所有能够预见的违宪质疑,他大量分析了其他各州的法律条文,然后起草了一份弗吉尼亚州的立法提案。1924年3月,斯特罗德成功地将提案送达弗吉尼亚州议会,并获参众两院通过。即是说,艾伯特·普里狄和位于林奇堡市的收容所不久后就可以合法地为其容留人员做绝育手术了。

卡丽·巴克1924年6月来到弗吉尼亚州立收容所,在时间点上,她的到来再糟糕不过了——这只是对她个人而言。两个月后的8月,普里狄博士在董事会全体会议上提出,为包括卡丽·巴克在内的18个容留人员做绝育手术。不过,考虑到马洛里诉普里狄案曾经在民众中给收容所带来名誉损失,他提议"为安全起见……在实质性地实施手术前弄出一个案子来,以检测新的绝育法是否违宪"。董事会认为,用真实的案例蹚一遍法律程序是必要的,并提议普里狄就此咨询奥布里·斯特罗德。一个月后,奥布里·斯特罗德和全体董事一起就此事展开了讨论。斯特罗德认为,在弗吉尼亚州法院判定此事是否构成违宪之前，绝不能再做任何绝育手术，此事甚至有可能上达联邦最高法院。不然的话，收容所和全体管理人员有可能——再次——遭到起诉。

在这次会议上，普里狄对全体董事们说，卡丽·巴克是蹚法律程序的上佳人选。他曾经用斯坦福—宾尼特智力测试题测试过她，结果证明，她是个心智水平为9岁的重度低能人（在此他犯了个错——心智水平达到9岁，说明她是个中度低能人）。刘易斯·特曼明确说过，他的斯坦福—宾尼特智力测试题里的问题主要是测试人们"内在的智力，而不是课堂知识和家庭教育的内容"。尽管如此，人们很容易产生这样的想法：卡丽在小学学过五年多，应该会做得更好些。斯坦福—宾尼特智力测试题的一部分题型为词汇，还有一部分是倒着数一串数字（例如"4-7-1-9-5-2"）。

卡丽参加的测试是什么内容，虽然没有留下记录，但是普里狄肯定会让她区分譬如"怠惰、懒惰"和"进化、进步"一类的词汇。他甚至会向她展示内战时期的手写密码，然后让她用"即刻过来"这一词语编码。卡丽的养母艾丽斯·多布斯不大可能在她身上花费时间，让她做学校那样的练习。

恰如在是否应收容卡丽的听证会上曾经出现的情况一样，在这次收容所的董事会上，卡丽的家庭背景以及她家人的怪异行为遭到了与会者的唾弃。这与她的智力测试结果遭人唾弃别无二致。普里狄说，没人知道她父亲是谁（情况并非如此），而"她母亲埃玛·巴克现在是——多年来一直是——智力缺失者，属于收容所里重度低能人群的成员"。普里狄还说，卡丽"有个非婚生的智力有缺失的孩子"。考虑到那孩子出生才六个月，普里狄从未见过那孩子，我们无法断定他是如何知道这一消息的。普里狄的结论是，卡丽是个"有失道德水准的人，如果给她做绝育手术，保证她无法怀孩子，让她自食其力，她

第八章　美国曾经的绝育历史　　113

身体是没问题的"。他的提议得到了董事会的认可。

将卡丽直接送进手术室做手术,对收容所来说不过是举手之劳的事,然而,董事会依然决定把她的绝育手术当做"试金石",以此试探各级法院是否支持弗吉尼亚州的绝育法。董事会成员利用卡丽·巴克的事例提起诉讼,将起草绝育法的奥布里·斯特罗德告上了法庭,他将因此作为被告,并列被告是州立癫痫患者和低能人收容所的负责人艾伯特·普里狄。美国的法律系统是如何运作的,这一案例即是著名的反证。常见的情况是,原告方主动提起诉讼,被告方想方设法规避和摆脱刑事责任。在卡丽一案中,决定让原告提起诉讼的是作为被告的艾伯特·普里狄和收容所,而诉讼对象正是他们自己。他们甚至为卡丽聘请了律师,交了诉讼费。出于自身利益的考虑,很难想象卡丽的律师会竭尽全力为其辩护——此种情况在历时三年的案件审理过程中从未在法庭上出现过,而审判结果使卡丽一案最终成为著名案例,对卡丽以及全世界成千上万受此案例影响所遭受的绝育手术合法化的人来说,这一结果的灾难性不言而喻。

收容所为卡丽·巴克聘请的辩护律师欧文·怀特黑德(Irving Whitehead)不仅是斯特罗德的朋友,还是收容所的前董事。在法学院上学时,在第一次世界大战中(怀特黑德曾经为斯特罗德谋到了一个军职),在操持律师行业后,怀特黑德一直和斯特罗德私交甚密。斯特罗德竞选州参议员期间,怀特黑德曾经鼎力相助。以前在收容所的董事会任职期间,怀特黑德曾经对授权普里狄做非法绝育手术投过赞成票。收押卡丽·巴克两个月前,收容所用怀特黑德的名字命名了一幢新落成的建筑。卡丽一案开庭六天前,斯特罗德为正在谋取政府官员职位的怀特黑德送去了溢美之词。更为糟糕的是,怀特黑德是个金融领域的律师,而非适合生殖权利案件的最佳律师人选。不过,董事会权衡利弊后认为,他在这一"友好的"诉讼过程中,是个适合角色的人选。怀特黑德能够完全满足他们的需要，因为他会扮演为卡丽进行辩护的代言人形象，不过他无论如何也达不到胜任律师的水平。从一开始，卡丽·巴克的司法案例就赤裸裸地建立在了未审先结的判决之上。

两个月后的 1924 年 11 月 18 日，在弗吉尼亚州阿莫斯特市巡回法院一座有着红砖通道和黑色百叶窗的白色小建筑物里，并排坐着卡丽和刚刚为她指定的辩护律师。在一个如此偏远的地方，本地区的公正全都出自这座建筑。斯特罗德的案子共有三批证人出庭，欧文·怀特黑德装模作样地指出一些疑点，庭审就轻松过关了。怀特黑德没有要求法院传唤任何证人，对朋友在庭审过程中陈述的事实，他也没有提出任何证据进行反驳。

斯特罗德纠集的第一批证人全都是当地人，他们的证词足以使人们得出这样的印象：卡丽和她的家人行为能力不足，然而这一技巧很快导致了事情的败露。许多证人根本不知道卡丽是何许人，也不太了解她的家人。一位证人是县收容所所长，他曾经见过卡丽的同父异母兄弟罗伊（Roy）"在这个地方来回走动"。斯特罗德只好与收容所所长展开令人诅咒的不利于罗伊的法庭辩论。

斯特罗德问："你是说你看见他经过那个地方，你了解他的情况吗？"

对方答："我对他的情况不太了解。我认为他是个与众不同的孩子。"

"具体指哪方面？"

"他行为奇特，让人诧异。"

"你是说他行为奇特？"

"我觉得是。"

"那么，何不跟我们说说你都了解他什么？"

证人挖空心思,唯一回想起来的是,有一次他看见罗伊在等几个朋友,一等就是二十多分钟,而那几个朋友早已来过,又走了。

"那是你唯一一次看见他?"

"不,先生。我曾经见过他好几次。"

"那么,在你的印象里,他的智力有残缺?"

"是的,先生。不过他如何让我产生了这样的印象,我一时还想不出其他反常的事——我是说出格的事。"

斯特罗德试图让所长先生讲述他对卡丽其他兄弟姐妹的了解,然而对方的反应和以上描述的情况相差无几。反倒是弗吉尼亚州夏洛茨维尔市的几位护士帮了斯特罗德一把。其中一位护士作证说,卡丽的母亲埃玛很穷,住在一个很糟糕的社区,没有工作能力,或者是不愿意工作,还非婚生了几个孩子。通过斯特罗德和几位护士以问答的方式谈论巴克家族的智力,我们从中可以看出,当时人们对测定智力的认识千差万别。早在 20 年前,严谨的宾尼特测试方法已经问世,这些人将测试完全置于脑后,仅仅利用披着科学外衣的语言在法庭上逢场作戏。

其中一位护士说:"我认为卡丽的母亲埃玛只有 12 岁孩子的智力。"

"你是说她就是这些孩子的母亲?"斯特罗德问道。

"是的,先生。这些孩子的智力更差。"

在法庭辩论的过程中,怀特黑德成功地证明,这位护士实际上不清楚卡丽·巴克 3 岁以后的情况,不过他并没有质疑她对巴克家族智力的判断力,他甚至还允许她证实卡丽为非婚所生。如果怀特黑德稍作努力,查询一下当地政府的档案记录,即可证明该护士的说法有误。另外,这与卡丽的智力毫不相关。

为斯特罗德作证的还有三位曾经教过巴克家几个孩子的老师,一位当地孤儿院的院长。他们的证词都倾向于证实，这家人智力低下，贫穷，对性事无节制。卡丽·巴克的姐姐多丽丝（Doris）上学已经六年，仍然在二年级。她还有个同父异母的哥哥"没能通过四年级考试"。她另外还有个兄弟"有点儿呆"。

卡丽·巴克静静地坐着，倾听着，任其家族的成员们让他人糟践着。作为辩护律师，怀特黑德没有要求任何老师出庭作证。从技术上说，做到这一点很容易，而且这样做对卡丽·巴克极为有利。弗吉尼亚州立大学的教授保罗·隆巴多已经找到证据，证明卡丽·巴克是个完美的好学生。

隆巴多写道："在她念书的五年里，她已经跳级上到了六年级。实际上，她辍学一年前，老师写给她的评语里已经出现了这样的字眼：'非常好——包括品德和学业两方面'，并推荐她跳一级。"然而，由于担任律师的是怀特黑德，出示给法庭的有关卡丽在学业方面的记录仅限于如下评语："与社会格格不入"，给男孩子们写纸条。

最致命的证词来自卡罗林·威廉，即不久前乘火车将卡丽送往林奇堡市收容所的那位红十字会的工作人员。

"作为社会工作者，依你的经验，"斯特罗德对卡罗林·威廉的提问是这样开场的，"如果将卡丽从收容所放出来，她是否还有能力怀孩子，她有无可能变成智障孩子的母亲？"

"我认为有可能。我认为，智力像她那样的女孩，多多少少需要他人的照料。从以前的记录看，这孩子尤其如此。她母亲有三个非婚生子女。因此我必须说，卡丽极有可能怀上非婚的孩子。"

"所以，如果想阻止她生出像她那样的孩子，唯一有效的途径是将她隔离，或者设法消除她的生育能力。对社会来说，她是个财富还是个负担？"

"我认为，她显然是个负担。"

"你和卡丽之间有过什么个人交往吗?"

"有过几个星期,是在委员会决定关押卡丽到我把她送往林奇堡市的那段时间。"

"她的智力缺失表征明显吗?"

"作为社会工作者,我认为明显。"

为证明智力缺损是巴克家族共有的印记——从母亲埃玛到卡丽,继之从卡丽到她的孩子维维安——斯特罗德转而向卡罗林·威廉问起维维安的智力状况。

"那孩子多大了?"

"不到八个月。"

"你对那孩子还有印象吗?"

"对年龄那么小的孩子,很难判断以后会变成什么样。不过依我个人看,当时她似乎不太像正常孩子……这只是从外表看——我得承认,或许由于我了解她母亲,因此会有偏见,可是我同时还看见了多布斯太太女儿的孩子,那孩子比这孩子大了仅仅三天,而这两个孩子的智力发育有着明显的区别……她身上有一种让人觉着很不正常的东西。不过,到底是什么东西,我也说不清。"

斯特罗德从外地请来了一位优生学专家出庭作证。他在开庭的前一天曾经见过维维安,并且带来一张照片。照片上的情景显示,似乎有人在为孩子作智力测试。照片中的艾丽斯·多布斯穿着围裙,维维安坐在她的一个膝盖上。前者高举着一只手,手里捏着一枚硬币,距离孩子的眼睛大约有两尺远。那孩子没注意硬币,反而在注视照相机。忽视应该注意的东西,必定会让人觉得她智力有缺失。

斯特罗德在法庭辩论中如此迂回,其逻辑显而易见:卡丽的智力有缺失,因为她未婚生育;而导致她怀孕的原因正是智力缺失。如此逻辑,其拙劣性暴露无遗,就连怀特黑德也不得不插进两句话。在答辩中，怀特黑德就此提出了质疑——尽管非常简略，也没什么目的性。他曾经问一位社会工作者，她判断卡丽智力有缺失是否基于下述事实：因为她非婚怀了孩子。

那位社会工作者答道："就那件事来说，作为一名社会工作者，我对那种类型的女孩太了解了——"

"请问，哪种类型的女孩呢？"

"直说吧，无疑是智力有缺失的人。"

"可问题是，总不能把怀孕作为智力缺失的证据，对不……？"

"那是。不过，智力有缺失的女孩更容易犯此类错误。"

以上辩论的焦点可谓一针见血。此话题来得快，去得也快，怀特黑德由此转移了话题。然而他从未揭穿过，卡丽实际上是被强奸的。假如他那样做，对卡丽的道德指责将随之烟消云散。

在法庭辩论中，涉及证人的话题反而比涉及卡丽·巴克的还多。案件原本也是建立在风言风语、阶级偏见、假冒科学之上的：社会普遍认为，声誉和财富可以画等号，每个家族中的轻微智力缺失可以用图表预先标示出来。将卡丽的绝育事件上升到法律的高度，得到了智力测试在社会实践中的支持，反映的是阶级斗争。收容所希望把贫穷女性当做廉价劳动力投放到市场上，同时还要控制她们。他们实现这一点的方法是，给她们做绝育手术，然后释放她们，同时保留如下权利：在她们行为不当时，再次将她们收押。在卡丽一案的法庭辩论中，艾伯特·普里狄博士和他的律师奥布里·斯特罗德曾经公开讨论过这一点。

普里狄作证时说过："眼下对做家务的人手需求如此旺盛，我们完全可以将半数智力尚可的年轻女性放出去。不过，我已经停止了她们的就业计划。放她们出去，她们通常会怀上孩子再次回来，我只好停止这样的冒险。尽管她们常常会变成母亲，人们还是喜欢雇她们做家务。"

"除了注定会导致她们怀孕,是否还有其他无法逾越的障碍,使她们不便从事家务?"斯特罗德反问道。

"没有,先生。再没有了。"

作为被告方,奥布里·斯特罗德至此缄口不言了。而欧文·怀特黑德根本没要求证人就此作证:既没有要求卡丽·巴克本人,也没有要求她的任何亲属、朋友、老师。

卡丽一案一路上升到了弗吉尼亚州最高法院,斯特罗德经过认真调研写就的48页论据轻而易举击败了怀特黑德缺乏说服力的8页文件。尔后案件一路上升到了联邦最高法院。正如人们事先预料的那样,奥利弗·温德尔·霍姆斯(Oliver Wendell Holmes)大法官宣读的判决书,其内容似乎出自奥布里·斯特罗德的手笔。霍姆斯没有自行寻找证据的能力,只能完全依靠斯特罗德提供的,经怀特黑德有意默认的既有证据。对霍姆斯和最高法院来说,卡丽·巴克是个被关押的"智力有缺失的白人妇女……是智力有缺失的母亲的女儿……也是非婚生育的智力有缺失的孩子的母亲"。如果各级地方法院有证据表明,评估出生八个月的孩子的智能可行,这些证据便确凿无疑了。事到如今,切断巴克家族基因库之必要性不言自明,并且能够做到。最高法院的说法是:"没有太多的痛苦,对生命也没有实质性的危险。"

虽然对卡里卡克家族之研究发表15年后,亨利·戈达德受到学院派心理学的严肃质疑,这反倒对给卡丽·巴克实施强制绝育手术提供了科学依据。在法庭的口头辩论期间,霍姆斯和其他在场的大法官听取了如后陈述:"约翰·科里科克老头(原文如此)1775年如何跟一个智力低下的女人有了私生子",其后果是成千个智力有缺失的后代,让世界无法承受。最后,霍姆斯鹦鹉学舌般道出了优生学的论据：智力缺失具有遗传性，并且会导致犯罪。

霍姆斯事后这样记述了自己的观点："假如当年就阻断了导致犯罪的劣等后代出生，假如当年就让低能人之繁衍成为可望而不可即，社会原本能够阻止明显不适于繁衍的人繁育后代，世界必定会比今天更美好……如埃玛、卡丽、维维安类型的三代人已经让我们受够了。"联邦最高法院除一位大法官持不同观点，其他七位大法官与霍姆斯观点一致：应当据此为卡丽·巴克做绝育手术。

手术室位于林奇堡市收容所一座两层的单色调的红砖楼里。1927年10月19日上午，卡丽·巴克被人带进了手术室。经过多年酝酿，为卡丽做绝育手术反倒成了快刀斩乱麻一样的简单事。一位名叫贝尔（Bell）的博士为卡丽实施了麻醉，尔后切开了她的腹部。他把卡丽的输卵管切除了一寸，用石碳酸处理了切口，使输卵管失去了功能，然后缝合了切口。持续三年的诉讼，花费不到一小时就全部搞定了，既没有仪式，也没有排场。经过不足两周的休养生息，一个健康的、四处走动的卡丽再次出现在大家面前。她知道自己曾经做过手术，不过她对手术的性质却不知情。收容所认为，没必要向她作出解释。

"他们仅仅跟我说，必须在我身上做个手术。"1980年，卡丽接受记者采访时说，"我一直不知道那是什么手术。后来，另外几个姑娘告诉了我。她们说，那些人也在她们身上做了同样的手术。"

霍姆斯对自己在巴克诉贝尔案（*Buck v. Bell*）里所持的观点感到由衷的骄傲。1927年，在写给朋友的信中，他是这样说的："让我感到骄傲的是，我用笔杆子作出了一个在宪法范围内的合法判决：为低能人做强制绝育手术合法。"

当年的情况是，美国联邦最高法院宣布巴克诉贝尔案的判决结果时，立法者们都竖起耳朵倾听着。最高法院宣布判决结果的当年，即

1927年，印第安纳州和北达科他州很快就通过了以优生名义实施绝育手术的立法。第二年，密西西比州也通过了同样的立法。1929年，又有9个州紧随其后。各州都以弗吉尼亚州法律条文作为依据。20世纪20年代，①全美计有12个州通过了以优生名义实施绝育手术的立法。截止到1932年，计有27个州已经实施了强制绝育计划。结果是，强制绝育如雨后春笋破土而出，在美国遍地开花。尤其应当指出的是，20世纪30年代，此类手术的冲击纷纷落到贫穷如巴克一样的白人女性身上。在某些州，为这样的女性做手术成了收容机构的专职。

一旦"强制绝育法最终被认定符合宪法"，一位弗吉尼亚州的医生曾经说，"人们就会蜂拥而上，尽快为尽可能多的病人实施绝育手术"。

即使用优生学家的话来说，他们做此类手术确实也做过了头。各种各样被冠之以"智力不正常"的人被强制绝育。与此同时，优生学家们明里打着优生的旗号，实际上却在图谋其他政治利益。例如，加利福尼亚州甚至将同性恋作为强制绝育对象。谁都说不清，这与优生学有什么关系；再者说，同性恋群体不像其他群体那样，有频繁遗传后代的倾向。

巴克诉贝尔案、花样翻新的智力测试、概念模糊的优生学，以及作为支撑的智力理论，导致6万美国人在20世纪被施以强制绝育手术。加利福尼亚州在这方面拔了头筹，总计做了超过2万例强制绝育手术；弗吉尼亚州紧随其后，做了8 300例。实际上，由于许多手术是在非法的情况下偷偷摸摸实施的，或者美其名曰"出于治疗的需要"，全美各地所做的强制绝育手术的总数肯定比公布的高出许多。

---

① 原文为"1920年"，疑为笔误。——译者注

1931年，宾夕法尼亚州对辖区内的270位强制绝育对象进行了回访调查，证明上述推测属实。宾夕法尼亚是为数不多的几个从未批准强制绝育为合法的行政州，即便如此，那里的医生们实施的此类手术显然超过了千例。他们明知枉法，仍敢于在公开场合无所顾忌地议论此事。近期曾经有人对强制绝育手术作过一些调查，各州的政府官员们并不讳言，辖区内的医生们究竟实施过多少例绝育手术，他们对真实数字毫不知情。

保罗·隆巴多唯一一次见到卡丽本人是在1982年，当时卡丽已经76岁了。那时隆巴多还在法学院，应该是在学习期间。查出卡丽所在地时，隆巴多心想，决不能错过这个激动人心的机会。"那时她在乡下，在位于弗吉尼亚州的韦恩斯堡罗镇一个州政府管理的养老院里。我开车去了那里，见到了她，和她谈了话……两个月后她就去世了。所以，我可能是最后一个采访她的人。老实说，那算不上是采访。当时她很疲乏，很老，还有病在身。"

卡丽一生都是在弗吉尼亚州度过的，生活区域仅为蓝岭山脉附近，她干过的工作千奇百怪。有个时期，她曾经在农场做苦力，后来还在弗吉尼亚州的弗兰特罗伊尔镇做过家政。她曾经两度结婚，和第二个丈夫结婚是在1970年。最终她还是回到了孩提时代生活过的弗吉尼亚州夏洛茨维尔市。隆巴多见到她之前不久，她曾经住过"没有自来水的煤渣砖搭的单间棚子"。尽管她被诊断为智力缺失，她一辈子没有过犯罪记录，而且活得有滋有味。她喜欢读书，是某教堂唱诗班的成员。隆巴多发现，"即使在弥留之际，她仍然能够清晰地用语言进行表达，也能准确地回忆起自孩提时代以来经历的各种事件"。

隆巴多甚至还查到了卡丽的女儿维维安的在校成绩。她在夏洛茨维尔市某小学上过几年学，8岁时死于不明疾病。

隆巴多是这样记述的："我找到的成绩册显示，她是'荣誉榜'

上的学生,和庭审中那些证人所说婴儿时期的她很'奇特'、'不正常',有可能'智力缺失'南辕北辙。"

隆巴多让20世纪美国联邦最高法院判决的最著名的案件之一彻底翻了盘。奥利弗·温德尔·霍姆斯首创的一句最著名的话成了彻头彻尾的谬论。隆巴多用一篇文章的标题——《三代人,没傻子》——为霍姆斯作了更正。

一直被人们错误地描述为低能而且世人皆知的卡丽,对整个事情的前因后果一贯保持着沉默和不予置评,真可谓难能可贵。她去世前曾经对记者们说过:"我一辈子都在设法帮助他人,以慈善之心对待每个人。若不善施舍,必枉为好人。"

其他国家的政府对美国联邦最高法院的判决给予了极大的关注,巴克诉贝尔案使强制绝育在欧洲的合理化有了参照。长期以来,德国人强硬的优生传统一直源自弗朗西斯·高尔顿的诸多文章。因此,提起为优生而绝育,德国人并非只是在追随美国人。不过,在宣传战中,纳粹分子们充分利用了巴克诉贝尔案为其绝育手术涂脂抹粉。一旦有人对智力缺失者表示同情,他们会转而利用亨利·赫伯特·戈达德的《卡里卡克家族》一书进行反驳。如此一来,美国新泽西州的德博拉·卡里卡克和弗吉尼亚州的卡丽·巴克两人的生活影响了整个世界。两位青年女性对此却并不知情,人们本不该如此对待她们。

"我们已然知道了遗传法则,"据传,阿道夫·希特勒(Adolf Hitler)曾经这样说过,"就有可能在很大程度上阻止不健康的人以及重度残疾人来到世界上。我以极大的兴趣研究过美国数个州有关防止下列人等繁衍后代的法律:其后裔注定对人类毫无价值,其后裔注定对人类贻害无穷。"

第九章

纳粹德国和智商测试

　　心理学家们已经清楚地向我们揭示，从某种程度上说，智商测试的结果与生命的某些重要性状有关联，例如人们的社会经济状况，甚至人们的寿命。暂且放下测试这一话题不说，一直以来，人类总是无法给智力准确地下定义。我们仍然没有真正弄明白，智商测试究竟能从每个人身上测出什么。不过，一个世纪以来，在许多决定人们终身大事的关键场合，有时候甚至在性命攸关的时刻，我们往往用智商测试决定人们的命运。

　　利用智商测试对人的健康作鉴定，由此引起广泛的社会恐怖，没有哪个国家能够超越纳粹德国。纳粹时期，过于木讷（纳粹党人常常将这样的人视为废物和包袱）意味着强制绝育，数年之后则意味着死亡。纳粹于1933年掌握国家政权，不久后即颁布了《预防遗传性疾病扩散法》（Law for the Prevention of Offspring with Hereditary Diseases）。该法是一个美国法律的翻版。历史翻回到1914年，身为美国最为著名的优生学专家的生物学家哈里·劳克林（Harry Laughlin）起草了一个绝育法范本，以便美国境内有意通过绝育法的各个州援引。美国确实有数个州采用该范本做了蓝本，纳粹党人也依样画葫芦。德国的绝育法经该国议会批准后，劳克林不无得意地说："每个精通美国的优生绝育历史的人都不难看出，德国该法律的文本与美国绝育法范本几乎一模一样。"

劳克林用笔杆子创造出上述法律，目的是防止人类的各种退化特征的遗传胚质传给后代，其中也包括智力缺失。他开列的"由于遗传缺陷与社会不相容的人"所包括的人群令人印象深刻：精神病患者、癫痫患者、盲人、聋人、残废人、"酒鬼"、重症患者（即患有麻风病和肺结核之类的人），以及"寄生虫"（包括"孤儿、穷困潦倒的人、无家可归者、流浪汉、叫花子"）。按照劳克林的说法，应当为上述所有人等做强制绝育手术。其结果是，1933年的德国法律规定，除了智力缺失，另有八种涉及遗传疾病的人必须做绝育手术，包括：精神分裂患者、抑郁狂躁患者、癫狂患者、舞蹈病患者、弱视患者、重度耳背患者、体形异常者、酒精中毒者。

暂且放下法律条文不说，如果真的在社会上推行优生，纳粹分子们对美国以及其他国家拥有相同意识形态的同行们还必须作一个重要铺垫：解释其独裁统治。考虑到美国人实行的是联邦共和制，各个州在关押自己的公民然后为其做绝育手术前，都要做大量具有深远意义的工作，其中大部分工作基于各种各样的智商测试。然而，对纳粹分子们来说，如果民主可以弃之于不顾，恐怕唯有公众舆论的抵制——尤其是天主教信仰——才能阻止他们实现其计划。柏林通过独裁手段可以把强制绝育和其他优生政策做到极致。

例如，按照1933年的纳粹绝育法的规定，德国境内所有从事公共医疗服务的医生们，以及精神病院、监狱、收容所的负责人，对患有上述九种"遗传性疾病"之一种或多种的人，必须及时报告。该法律还规定，诸如接生婆和牙医之类的医疗从业者，也必须报告遗传退化的案例。不过，在现实生活中，人们称之为"指认"的事，主要由从业医生来做。在所有移送法院的人里，约有75%是由从业医生指认的。所谓法院即是遗传病法庭（hereditary health court），是根据1933年的立法，专门为宣判什么人必须被强制绝育而设立的法庭。

所谓遗传病法庭包括三位成员：一位法理学家和两位医生（当时的"医生"职称泛指后面所列的人，包括各式各样的"人种专家"：内科医生、人口学家、遗传学家、精神病学家，等等）。截止到1936年，整个第三帝国已经有205个这样的法庭，另外还有18个相关的上诉法庭。这些法庭决定了数万人的生育，然而极少有人真的进过法庭。不足为奇的是，什么人应该做绝育手术，法庭基本上会遵从医生们的诉求。即便意识形态、专业技术、阶级思想趋同，法庭氛围轻松，每个案例也仅有5分钟到10分钟的审理时间，容不得人们深思熟虑，就算有此心也不可能。法庭的效率是建立在有失公允和缩短流程上的。从1934到1936年间，提交到法庭的个案有84%到92%被判定为执行强制绝育，导致强制绝育判决总数令人震惊地达到了38.8万件。然而，判决容易，执行却难。法庭判决之快，令医生们费尽九牛二虎之力也跟不上趟。在随后几年里，德国医生们从未完成足够数量的手术。

就以上所述九种潜在遗传疾病而言，多数走上法庭的被告和三分之二被判强制绝育的人被诊断为智力缺失。这意味着，在绝大多数强制绝育判决中，智力测试起到了至关重要的作用。在所谓的智力缺失案中，遗传病法庭会认真审阅专为开庭准备的智力测试结果。测试结果夹在每一位被告的健康档案里，而健康档案是庭审时必须提交的文件。和美国的情况一样，"智力缺失"是个可以方便地包罗万象的模糊词语，凭借行为举止怪异和智力测试的结果，德国人即可随意加害于人。其结果是，法庭常常把人们认为反社会的人冠之以智力缺失的罪名，对待贫穷的妓女或政治激进主义者即如此。

德国的智力测试甚至不如美国同行的讲求科学。在人们的印象里，它们的出炉过程大致是这样的：某个人在某个地方品着咖啡，呆坐了一下午，挑选了一些自认为受过教育的普通德国人应该能回答的问题,即潦草地拼凑出了一些测试题。在20世纪20年代和30年代的美国,刘易斯·特曼点灯熬油作研究,至少花费了10年时间,反复雕琢斯坦福—宾尼特智力测试题,最终于1937年发表了具有里程碑意义的测试套题。无论成功与否,特曼曾经尽可能使他的测试更为客观。他在全美各地反复试验他的考题,以确保具有不同地域背景和社会经济状况的人都能享有公平的测试结果。

1937年那会儿,特曼比以前更乐于承认,智力测试并非真正的科学。1937年,他曾经写道:"跟医学科学使用的精密检测工具相比,心理测试的工具同样精密,却属于完全不同的门类,尤其在涉及更为复杂的思维过程时。就目前的情况看,这一点永远也不会改变。"

20世纪30年代那会儿,姑且不说实际应用的问题,在编制考卷时,德国人完全不必担心有关文化的、教育的、阶级的偏见。特曼必须挖空心思才能设计出一些模棱两可的提问方式,而德国人却不必隐讳什么。例如这样提问效果会更好:"圣诞节的重要意义是什么?"当然,对那个节日的理解因人而异,回答也会因人而异:有人看到的是许多礼物,有人会认为它标志着耶稣的诞辰,也有人觉得那一天所有的基督徒终于可以回到家里完全放松下来。人们很容易就能想到,天主教徒和犹太教徒对这一问题的回答与基督徒的回答相比,肯定会有天壤之别。

德国人的许多问题同样严重依赖文化背景和教育背景——例如:"谁发现了美洲?"有些问题之奇怪实在令人费解,例如:"如果你抽彩中了大奖,你会做什么?"谁也说不清,德国的医学界为什么认为这样的问题会帮助他们诊断智力缺失——就算它是一种遗传性疾病也罢。

没受过正规教育的人对后边的问题同样会感到困惑:300德国马

克以平均3%的年利计算，三年后会有多少。而对于关押在收容所里好些年的人来说，"普通生活常识"类问题也会令他们感到奇怪。可以肯定的是，"通过邮局寄东西，邮费是多少？"以及有关生活用品价格类的问题，会让他们的大脑一片空白，这很不公平。

德国人测定受试者的口头表达能力的方法和特曼的方法差不多，往往给受试者三个词，让他们用来造句，例如"猎人—野兔—野外！"和"战士—战争—祖国！"等。另外还有词义对比，例如"错误—撒谎"和"水塘—小溪"。德国人的测试不像智商测试那样用数字记录成绩。德国的医生和精神病医师把智力缺失者普遍分为三类：白痴、傻子、弱智（英文词"低能"的同义语，即轻度智力缺失）。

推断智力缺失者究竟属于哪种类型，需要凭借医生和精神病医师的从业经验。测试完全是口头问答，在问答结束时，医生们会记录下各自的主观印象。如果受试者能够正确地回答所有的问题，测试中突显的漏洞之大，完全可以让"二战"时期的德国虎式坦克从中穿过。《测试期间的举止》(Conduct during Interview) 要求测试者注意以下几个方面：回答问题时的举止、眼神、模仿、音调、发音、措词、语速，以及测试过程中的灵活性和参与度。

个人的举止能在多大程度上影响医生们的判断，21岁的奥地利人欧文·安曼（Erwin Ammann）即是很好的例子。关押在收容所的他于1943年参加了一次智力测试。他能回答德国和法国的首都的名称，哥伦布发现了美洲，路德是"新教的奠基人"，他把俾斯麦描述成1870年或1880年左右"德意志帝国的一位总理"。测试者注意到，安曼回答问题之准确和神速出人意料，不过他身上总有什么东西让人感觉不对劲："他的长相和举止都像个智力缺失者。"因此，测试者将安曼的材料提交到本地区的遗传病法庭，并提议给他做绝育手术。安曼并未出庭为自己辩护。他被强行带走做了绝育手术——这在当时有点儿非同寻常，因为 1943 年那会儿，德国的医疗资源主要都用在了支援部队和作战前线。

遗传病法庭驳回强制绝育申诉的例子少而又少。譬如，如果被告是个纳粹党员，法庭作决定时，有时候会表现出犹豫，但是纳粹党员的身份也不能成为其保身的护身符。汉斯·施密特（Hans Schmidt）即是个例子。1931 年，施密特 16 岁，那年他加入了纳粹党。1938 年，由于拥有党员身份，他成了邮递员；由于基因问题，他患了精神分裂症。当年他就被收押起来，同年 10 月，他的案子被提交到遗传病法庭。尽管施密特有党员身份，法庭仍然判定为他做强制绝育。他上诉到高一级法院，得到的结果是维持原判。施密特不能继续上诉，因此他逃跑了。后来他被警察抓获，被强制送回州立医院。1938 年 12 月，也就是他的案子初次"审判"两个月后，医院为他做了绝育手术。这充分显示出纳粹党对速度和效率的偏好。既然施密特对基因库不再构成威胁，医院将他释放了。施密特回到邮局，继续从事原来的工作，他甚至还保留了党籍。

考虑到纳粹党人在实行优生计划时常常做得有过之而无不及，他们为自己的党员作强制绝育也就不足为奇了。1936 年的一份官方备忘录这样记述了纳粹党徒的思想逻辑："种族卫生学必须坚守以下原则：强制绝育宁伤及无辜，也不得漏掉万一。"

上述扩大化行为带来的一种结果是，纳粹党人常常会认为，生活在收容所的高墙之外的普通民众往往也是智力缺失者，因此也要给他们作强制绝育。形成鲜明对比的是，在美国，强制绝育在收容所之外极少发生，虽然这样做能够强烈地吸引新闻界的目光。在少数这样的案件中，最著名的当数安·库珀·休伊特（Ann Cooper Hewitt）庭审案。现如今，这一案件几乎被人们遗忘殆尽，不过此案当时却轰动了全美。人们像观看热播肥皂剧那样，从报章上追踪发生在旧金山的庭审的进展情况。

库珀·休伊特的父亲是个百万富翁，母亲是个社交名流。库珀·休伊特 20 岁那年，她已故父亲的遗嘱才公开，其内容规定，她必须生育孩子，才能继承父亲留下的百万遗产中的三分之二；如果她至死也没有后嗣，全部遗产归她母亲。让她母亲暗自窃喜的是，库珀·休伊特必须到医院做个阑尾切除手术。手术之前，她母亲强烈要求医生为她作智力测试，其结果显示，她属于低能（即轻度智力迟钝）。最终结果是，医生为患者切除阑尾时，把她的输卵管也切除了，患者对此却不知情。库珀·休伊特得知真相后，向法院提起了申诉。她母亲则宣称，为她绝育，无论对她本人还是对整个社会，都更好。由此掀起了媒体的疯狂追踪报道。

支持母亲和支持女儿的美国老百姓正好对半，他们全神贯注地追踪着事态的进展。毫无疑问的是，法院方面支持库珀·休伊特，舆论则支持她母亲。人们对案件的关注度如此之高，在美国相对罕见，一方面是由于媒体对其细节的煽情披露，另一方面是由于它本质上涉及收容所以外的老百姓。德国却正相反，三分之二被强制绝育的人是收容所以外的老百姓。

在一个对医疗和法律实行严格控制的独裁体制下，遗传病法庭类似于作家厄普顿·辛克莱（Upton Sinclair）[①]笔下屠杀场里的质量控制机构。第二次世界大战结束时，德国人在第三帝国的领土内对 40 万人实施了强制绝育，占德国人口总数的 0.5%，占德国 15 岁到 50 岁（多数人的生育年龄段）人口总数的 1%。同样是实施优生绝育政策，德国人完成的强制绝育手术比其他所有国家完成的总数还多。

---

① 美国作家，著有《第五屠杀场》一书。——译者注

美国人和德国人的主要区别之一是，纳粹党从逻辑上把优生学的想法推向了极端：纳粹党虽然不能像实施强制绝育那样公开进行杀戮，其顶级人物在战前很久已经决定杀掉没有遗传价值的人——有身体缺陷的残疾人。自第一次世界大战以来，德国人一直在激烈地辩论是否应杀掉收押的残疾人。当时的辩论似乎非常尖锐，其主要原因是，由于英国海军的封锁非常成功，可向残疾人提供的物资——包括照顾残疾人的医生的食物——已然非常匮乏。

纳粹分子掌握政权数年之前，德国学术界的激进程度远远超过了他们的美国同行。作为理由，他们有意识地将杀死所谓的蜕变者（犯罪分子及其同类，包括智力缺失者）与对忍受巨大痛苦的危重病人实施安乐死相提并论。他们还有更为极端的想法：既然最优秀的德国年轻人可以在法国的战场上牺牲自己，头脑和身体严重残疾的人因其消耗了大量资源，更应当为国家的利益牺牲自己。

然而，很难说为国家的利益作出牺牲是德国人的独创。1927年，美国联邦最高法院的大法官奥利弗·温德尔·霍姆斯在巴克诉贝尔案中为强制绝育合法化作分析时，曾经说过大致相同的话。他是这样说的："我们曾经不止一次看到，有时需要号召最优秀的公民为公众的利益奉献自己的生命。为避免国家实力衰减……如果连号召已经消耗掉国家实力的人为此①稍作牺牲都得不到允许，未免太奇怪了。"眼见世界上最伟大的民主国家之一事实上和自己观点一致，纳粹党人因而得到了极大的安慰。毫无疑问的是，得到美国最高法院赞同的强制绝育，和谋杀相比的确有区别，不过仅仅是程度不同而已，并非优生的逻辑不同。

20世纪20年代，德国人就安乐死进行了辩论。这场辩论在专业

---

① 指强制绝育。——译者注

人士和社会公众中为30年代和40年代大规模杀戮"不可救药者"作足了铺垫。那一时期,人们谈论关押在收容所里的患者时,经常将其称为"沉重的人口包袱"和"白吃",并将其视为代价高昂的经济负担。1929年,在纽伦堡市的纳粹党集会上,希特勒在演说中就此话题说:"如果德国每年有100万健康孩子出生,同时除掉70万到80万最弱势的人,其最终结果是,国力仍可得到加强……如今罪犯们也有机会繁育后代,社会克服巨大的困难,人为地养活着退化的人群。如果这种方式得以延续,我们岂不是在杀死强者,养活弱者?"这种言论显然出自弗朗西斯·高尔顿首先倡导的优生理论,为德国人推行智力测试奠定了基础。

为了优生,应当大开杀戒,笃信这一点的人缺少的仅仅是合适的政治氛围。随着纳粹党人上台执政,这样的政治氛围便应运而生了。希特勒和他的追随者们刚一掌握政权,便步调一致地为普通德国民众谋杀残疾人作起了铺垫。有一幅招贴画的内容如下:一个典型的金发碧眼的健康男子肩上挑着一根扁担,背景是一座城市。那人的头部和地面处于同一水平线上,他挽着双袖,由于负重,双膝弯曲着。扁担的一头是个面色黝黑的像猿猴一样的人,另一头是个戴着帽子的驼背。招贴画上的文字是:"你正在负重前行!每个有遗传病的人活到60岁时,社会成本约为5万德国马克。"

甚至在某些数学题里,学生们也会被灌输优生理论。德国1935年和1936年版的高中数学课本里有如下练习题:

第94题:

在帝国的某一行政区域内,中央政府的收容所里住着4 400位精神病人,4 500人领取中央政府的补助,1 600人住在地方医院里,200人住在癫痫病院里,还有1 500人住在各种福利院里。中央政府每年至少为上述机构支付 1 000 万德国马克。

问题一：按人头计算，中央政府每年为上述人支付的费用是多少？

问题二：利用"问题一"中的得数，计算下列各项支出：

A. 其中 868 人住院时间长达 10 年以上，总费用为多少？
B. 其中 260 人住院时间长达 20 年以上，总费用为多少？
C. 其中 112 人住院时间长达 25 年以上，总费用为多少？

第 95 题：

建一所精神病院需投入 600 万德国马克。每套标准住房为 1.5 万德国马克。将建设精神病院的资金改为建设标准住房，建一所精神病院的投入可建多少套标准住房？

1936 年，一位德国的眼科医生出人意料地写出了一部特别畅销的小说，内容是一位深受多发性硬化症困扰的妇女请求当医生的丈夫帮着结束自己的生命。出于对妻子的爱，丈夫请了一位弹钢琴的好友到家里，伴着安魂的琴声，他为妻子注射了一剂夺命吗啡。事后，这位丈夫被捕，不过他公开拒绝认罪，还在自我辩护中声称，有诸多朋友可以作证。在庭审中，他字斟句酌后，当庭问道："如果你是个残疾人……难道你会希望自己成为永远的植物人？"毫无悬念的是，医生被判无罪。

第三帝国的首席医生格哈德·瓦格纳（Gerhard Wagner）组建班子，根据这本书的内容拍摄了恐怖电影《控诉》（*I Accuse*）。纳粹党人并不急于推出这部电影，直到战争爆发，这部电影才开始公映，且轰动一时。以下是纳粹党人推迟公映这部电影的原因。

1935 年，纳粹党在纽伦堡市召开了一次代表大会。瓦格纳在大会发言中细数"自然和上苍对人类不公"时声称：在此前的70年中，精神疾病患者的人数增加了450%，远远超过人口总数的增长。"国家为人类的遗传退化付出的代价超过10亿马克。与此形成对照的是，警务方面的花费为7.66亿马克，地方政务方面的花费为7.13亿马克。显而易见，对全国人口中正常的、健康的成员来说，这是沉重的负担，也是极端的不公。"接着他又说，眼下已经到了探讨如何摒弃"没有存在价值的人"的时候了。战争结束时，纳粹分子们杀戮的残疾人远远超过了20万。相当一部分人被定性为智力缺失，而这些人的认知能力是通过智商测试评估的。和强制绝育如出一辙的是，在真正实施杀戮时，德国人同样认为，宁可伤及无辜，也不得漏掉万一。另外，为了从法律上给自己的不当行为正名，纳粹分子们不惜费尽周折，为各种杀戮计划冠名，这次他们找到的是医学名称。

柏林女孩厄休拉·H的人生经历能够清晰地勾勒出德国人如何利用智商测试和人的行为举止将杀戮对象置于死地。她的经历证明，如下两种观点都极具危险性：智商测试能够揭示人们的先天能力，智力只能通过智商测试的结果和行为举止进行定义。德国人将他们理应呵护的人推向了地狱，而优生学和与之捆绑在一起的智力测试为他们的恶劣行径披上了一层医学外衣。

当时的厄休拉·H十多岁，是个皮肤白皙、身材和面容姣好的孩子。1923年，母亲怀她八个月时，一次爬梯子从上面摔了下来，致她早产。她父母都是新教徒，属工薪阶层，居住在穷人居多的柏林市克罗伊茨区。摔跟头和骨折似乎是这家人的传统。厄休拉在父亲某次生日当天摔断了大腿骨，后来她还摔断过胳膊。她小时候，从婴儿车里头朝下掉出来过，因此得了脑震荡。按她母亲的说法，厄休拉当时摔得不轻，因此学走路和说话都比较晚，分别在两岁和4岁（厄休拉

18岁时曾经声称,实际时间要比那晚许多)。

厄休拉仅仅接受过三年特殊教育,后来她一直待在家里,没上学。平日里,她在家做些家务,帮着母亲缝制装硬币的钱包夹层。母亲觉得她难于管教:她从小脾气暴躁,经常"捣乱",还固执己见。更糟糕的是,她刚长大,就喜欢跟陌生男人说话。父母只好将她送到"少年之家",不过她跟住在那里的人合不来,住了一年半就迫不得已离开了。

纳粹党人掌权后的20世纪30年代晚期,厄休拉刚好15岁。她成了强制绝育的理想候选人:她年轻(不过已经有了生育能力)、贫穷、未受过像样的教育,还是个女性。不出所料的是,仅受过三年正规教育的她,加上小时候大脑受过伤,在智力测试中表现极为差劲。无论厄休拉从前的经历怎样,纳粹党徒们认定,她的智力缺失是先天的,只不过程度未达到最严重而已。和此前的卡丽·巴克、德博拉·卡里卡克、安·库珀·休伊特一样,她并非白痴。依照纳粹的观点,这样反而更危险,因为她可以在社会上自由活动,吸引异性,将问题基因遗传给后代。

正如美国人通常所做的那样,德国人首先根据应试者的成绩,然后参照(有时候是比照)其行为举止决定其智力状况。像美国人一样,德国人的强制绝育政策针对的主要是女性,然后才是男性(以智力缺失为借口实施强制绝育,纳粹党徒的手术对象60%为女性),而这些女性基本上是穷人和没有权力的人。所以,引领厄休拉走向手术台的原因,有她在智力测试中差劲的表现,还有她和男人交往的嗜好,以及她的贫穷状况。

和美国人一样,德国人的优生计划不尽合理,前后也不一致。就厄休拉的经历而言,尽管她做强制绝育手术已经三年,输卵管已经切除,在遗传方面已经无害,但是柏林某医院的一位医生仍然于1942

年 2 月将她定性为先天智力缺失，下令将她关押起来。这样的定性和关押最终导致了她的死亡。

据信厄休拉做过的手术会使人成熟，她回家后打烂了一扇玻璃窗，而且继续和陌生男人说话。她母亲曾经对前来收容病人的贝伦特（Behrendt）医生解释说，她固执己见，难于管教。

母亲是这样说的："厄休拉从来都非要做自己想做的事。"

对自己刚收容的病人，贝伦特医生在记录表上填写的初期印象为：厄休拉没什么用处。她不会编织，不会做饭，在转运途中的暂住地没完没了地进进出出。不过，颇具讽刺意味的是，厄休拉前往收容所（收容所在柏林的地名是维特瑙）是孤身一人搭乘公交车去的。显而易见的是，像厄休拉这样的人被指为不具备自理能力，而她明显有能力在没有人陪护的情况下准确无误地搭乘火车和公交车。

厄休拉到达维特瑙时，年轻、苗条、体重 62 公斤。在留存下来的正面照片里，她的目光正对着镜头，脸上挂着一抹淡淡的笑意。这样一来，她并不突出的特点给人以好感，姣好的面庞还略带羞涩。也许因为抹过油或沾过水，她向后梳起的浅色头发闪着亮光。她戴着一串深色项链，珠子即大且圆，上身穿一件平领大开口的紧身上衣。

从贝伦特医生与厄休拉 1942 年 2 月第一次见面的记录看，厄休拉完全清楚自己身在何处，以及她身边所发生的一切。她告诉贝伦特医生，自己所在的地方是"疯子小屋或类似的场所"。她还知道当天的日期。问她当时是什么季节，她耸了耸肩膀说，冬季。既然有能力理解自己身边所发生的事，在接下来的一年半中，厄休拉的思想和感情遭受了巨大的痛苦。厄休拉的经历痛斥了德国医学界的说法："智力缺失者不值得同情，因为他们没有感觉和意识。"

上述关于时间和地点的问题仅仅是表面现象，贝伦特医生和厄休拉的第一次谈话，从更深的层面上揭示了德国医生们如何看待接触社会少和受教育程度低的女孩子。贝伦特想知道厄休拉是否有过手淫。贝伦特在记录中写道：她既不手淫，也没怀过孕。他急于弄清楚，厄休拉为什么喜欢和男人交谈。

她给出的答案是："因为我想结婚。"

贝伦特医生也问过厄休拉一些时政问题，同样的问题经常出现在德国的智力测试题中。德国的医生们测定人们的智力时，常常顺手抄起这类问题。他测出厄休拉知道柏林是首都，却不知道首都的人口数量；她还知道国家正处于战争状态，可是她认为，国家的敌人是俄国和非洲。

贝伦特医生的结论是，厄休拉"给人以智力非常低下的印象"。

他曾经问过："你想待在维特瑙这里吗？"她的回答是："想啊。"因为她已经长大，应该和"大女孩儿们"待在一起——离开母亲，和自己年龄相仿的女孩们待在一起。

关押在维特瑙的初期，厄休拉没有引起人们多少注意。战争期间，对于关押在德国的收容所里的人们来说，这是上好的生存策略。表现恶劣等于遗传价值低。厄休拉体重没有减轻；到了晚上，她躺倒就能入睡；她干活时不会给管理人员惹麻烦（虽然她有时候会"干傻事"，捅一下才蹦跶一下——这是管理人员的原话）。管理人员还说，厄休拉会补袜子、钉扣子。她也会把衣服弄破，不过不那么快。然而，3月6日那天，他们决定让厄休拉"从当天起"去清洁队干活，这在医疗行业里不啻为降了一大级。医疗界的常规是，对有用的人呵护备至，对无用的人不予理睬。

在最初的几周里，管理人员经常给厄休拉调换宿舍楼，这肯定会让她感到不安。按贝伦特医生的说法，有一次换宿舍时，厄休拉"傻笑了一下"说，她已经"在两个家里住过了"（在接下来的一年多里，管理人员继续给厄休拉——理所当然包括其他患者——调换宿舍楼，看来这是维特瑙收容所的政策，意在使本已心存许多疑虑的患者们更加惶惑不安）。

贝伦特医生没有理睬厄休拉的狂笑，继续集中精力于自己最爱问的话题：厄休拉的性取向。最近他已经为她作了梅毒检测，验血结果为阴性。不过，贝伦特很执著，继续着对性的追问。当时厄休拉已经18岁了。

他问道："你为什么要追陌生男人呢？"

"想和他们约会。"厄休拉回答。

"不是要和他们睡觉？"

对这一问题，厄尔拉异常愤怒，矢口否认。

然而，贝伦特根本不信，他接着问道："你和男人们有过性交关系吗？"

"没有。"她愤愤地说。他却继续向她施压。厄休拉或许已经承受不住重压，她改用柏林工人阶级的口吻答道："只有一次，这辈子就那一次。"

"那人结婚了吗？"

"结了，他有夫人。"她一口咬定，仅仅和此人有过。她还磕磕巴巴地补充说，她"没有，没收过一分钱"。

尔后，也许因为受到胁迫，或者感到气愤，厄休拉对医生咆哮起来。后者继续着挑逗式的提问。她说，不知道，她根本不知道他的名字和年龄，她只知道他是个"票员"——在火车上查票的人。

交谈结束后，医生对这次见面作了总结。"典型的智力缺失者，没有判断和辨别能力。"这是贝伦特留下的记录中的原文，然后他还神秘兮兮地补充了一行字："下次月经来潮时再行观察。"

实际上，厄休拉的档案显示，她下一次行经日期是4月23日。观察一直持续到当年仲夏。从护理人员留下的记录看，厄休拉的月经非常有规律。她还在洗衣房干过操作蒸汽熨平机的活。那种机器是用来烘干和熨平衣服的，有许多滚轮。人们都清楚，每隔一段时间，总会有人在干活时把手指轧断。显然，管理人员们认为，尽管洗衣房闷热，干活辛苦，不用动脑子，会浑身湿透，但是用不着费神管教厄休拉，她即可把这份差事干好。

当年7月，也就是厄休拉到维特瑙收容所六个月后，她的体重减轻了10公斤，而她刚来的时候，体重并未超标。7月底，一位名叫康拉德（Conrad）的女医生为她作了一次智力测试。结果显示，她对外界知之甚少。与她刚到来时由贝伦特医生给她作的测试相比，她的回答更让人觉得不可理喻了。

康拉德医生问道："路德是谁？"

"鲍卢斯。"厄休拉答。

"圣诞节是哪天？"

"除夕夜24号。"

小时候头朝下摔过，仅仅受过三年特殊教育的厄休拉会正着数每周七天，却不会倒着数。她甚至还会做简单的算术题，例如2×2。不过，对于如下问题："1.5磅标价为15芬尼，7磅的价格是多少？"这位女孩就会懵掉。

康拉德医生接着问道："太阳从哪边升起来？"

"升到天上。"厄休拉答。

康拉德医生问到诸如"错误"和"撒谎"、"出借"和"给予"、"小气"和"节俭"的区别时，厄休拉回答不上来。不过，她能清楚地把"台阶和梯子"解释为"上台阶和爬梯子"。

用三个给定的词造句，厄休拉做不出来，她也不会编故事，更不会解释谚语。

康拉德医生的下一个问题是："'苹果绝不会掉到离树干很远的地

方'是什么意思？"

"什么树干？"厄休拉问完之后陷入了沉默。

康拉德医生发现，厄休拉"智力相当低下"。

康拉德医生所问的最后几个问题之一是："你知道自己将来会做什么吗？"

"我不知道。"这是厄休拉当时的回答。然而，用不了多久她就知道了。除了她的无用，她在智力测试中表现出的无能也决定了她的未来。厄休拉的智力足够她察觉出自己必将面临死亡，在末日到来前的很长一段时间里，她所具备的智力让她的感情备受折磨。

关押到维特瑙收容所10个月后的1942年冬季，来自柏林的青年厄休拉·H已经变得走路蹒跚，情绪低落，不再是个劳动力了。近一段时期，管理人员给她换了好几次宿舍楼，他们注意到，她对此已经无所谓了。在落款日期为12月19日的记录中，出现了由恐惧引起的冷漠举止导致她的智力状况"极其迟钝和低于同龄人"的描述。

不管怎么说，厄休拉继续活着。她不再制造混乱，也不再行为异常。她继续做着操作蒸汽熨平机的工作，不过她变得沉默寡言了，变得缺乏生活激情了。然而，也就是在这一时期，厄休拉的体质开始变糟，她经常诉说头疼，还常说"弯不下腰"。

工作人员每隔一段时间就会询问厄休拉来维特瑙收容所的原因。

她总是回答说："因为我和男人说话，还打烂了一扇窗户。"

两个月后的1943年2月9日（自从厄休拉孤身来到维特瑙，时间已经逝去将近一年），厄休拉开始把自己弄得稀脏，浑身都是大便。她满脑子想的都是自己将要死去，不停地念叨着："我可能要死了。"

工作人员将她转移到了收容所的另一座楼里。仅仅过了三天，也就是2月12日，上中班的工作人员注意到，厄休拉"肮脏、混乱，必须有人帮忙才能穿好衣裳"。这对工作人员们来说成了负担——在纳粹德国时期，没有哪个患者希望自己进入这种状态。

这一时期，厄休拉的压抑和恐惧让她每到晚上就会感觉生不如死。她总是睡不着觉，总是小心翼翼地向护士们打听："我是不是很快就得死？"厄休拉不停地念叨着对死亡的恐惧，反复起床上厕所，这样的描述总是出现在护士们的夜班记录里。记录里却没有说明，当时是否采取过什么措施，以减轻她身体上和感情上的痛苦，也没有说明她是否得到过什么安慰。借用正规医疗机构的管理体制，工作人员只要按部就班准确地记录患者的行为举止也就足够了。

2月18日一早，厄休拉"每隔一会儿就大哭一场"，还要求放她到外边晒太阳，她觉得这样对她有好处。这一时期，护士们看到她依然满床都是大便，甚觉不可思议，因为她们按时给她服镇静剂。

20日夜里，厄休拉穿好衣服，来到走廊里，后来又试图钻进其他患者的被子里。她显然是在寻找身体接触和温暖。第二天，工作人员将她换到了另一座宿舍楼里。

护士们的记录是这样描述的：厄休拉仍然浑身稀脏，总是试图钻到其他患者的被子里。为了羞辱她，护士们给她念她曾经大小便失禁的记录。护士们在3月4日的记录里说，厄休拉"非常肮脏，厕所里、每个房间的地上、她自己身上，到处都是大便。患者拒绝上床，还说不愿意上床。把她绑在床上，她会挣脱头部和双腿"。

进入6月份，厄休拉整夜不睡，大声尖叫。可能是因为她大便失禁，工作人员开始让她睡刨花床——用于包装的那种细刨花。他们还给她服用镇静剂，以使她保持安静，促进她睡觉。她经常产生幻听，说是有人威胁要杀死她。"她常常端坐在床上，"6月6日，值夜班的护士写道，"脸上是一副吓人的表情。"如今她的体重只有45公斤，和刚来时那个年轻的淑女相比，减轻了17公斤。

在厄休拉的病历里，各种记录都非常简约，因此我们只能通过它们猜测，当时究竟发生了什么。不过，凭着护士们潦草地写下的零散记录里的少量事实，我们即可看出，她的体重持续地直线下降。这清楚地说明，她不仅缺少正常的治疗，她的思想压抑也是由于环境使然，是她感受到的故意虐待引起的。1943 年 7 月，厄休拉的体重仅剩 36 公斤，和刚到维特瑙收容所时相比，她整整轻了 26 公斤。

一些灰色的大客车是导致厄休拉精神压抑的最主要的原因之一。从前它们都是邮政车，如今车上所有的窗玻璃都涂上了油漆，因此无论从外往里看还是从里往外看，人们都看不透。战争期间，它们定期前往德国各地，从收容所以及类似的机构接走被收押的人。患者们不清楚这些大客车开往什么地方。只要有大客车出现，就会有一些患者被带上车，余下的患者就再也打听不到他们的消息了。这究竟是怎么回事，即便被诊断为智力缺失的人也看得出来。大客车每拉走一批人，就会在收押人员中掀起一阵有关他们最终命运的谣言。

战后，见证人报告说，但凡大客车到达各收容所时，总会在患者中掀起一阵"骇人的气氛"和"明显的恐慌"。即便是重度的弱智（低能），每个人心里都明白，随后究竟会发生什么。理所当然的是，关押在诸如维特瑙收容所里的人们，身体有轻度残疾的人们，理解这些会毫无障碍。很多带有轶闻色彩的证据表明，被收容人员完全清楚究竟发生了什么事。工作人员往往需要费九牛二虎之力，才能让被带走的患者安静下来，这一事实即是最好的证据。某收容机构的护士们"惊讶地发现，她们负责看管的孩子们完全清楚"究竟发生了什么事。她们还注意到，孩子们经常玩一种"棺材游戏"，这充分说明他们对事情的了解有多深。

除了用身体反抗，成年患者们被带上大客车时，常常会大声抗议，有时他们就还会高声怒骂迫害者们。一位女士曾经喊道："因为我长成这样,他们就这样对待我,这是我的错吗?"一位前军人登上大客车时,故意把获得的铁十字勋章挂在显眼的地方,以此羞辱收容所的工作人员。还有一次,一位修女喊道:"所有被宣判死刑的人都上车啦!"或许,对所发生的事情最精辟的写照是一位女士冲着敞开的车窗喊出的一句话:"我们当然会死,不过希特勒也会下地狱。"

轮到厄休拉·H被灰色大客车拉走时,她是如何表现的,我们已经无从考证。不过,从她一年来的所作所为,以及她不停地念叨表现出的恐惧来看,极有可能的是,她早已料到了自己的归宿。她已经成了一具行尸走肉,大小便失禁,整天想着死,一到晚上就在走廊里游荡。由于她的监禁条件给她带来了更多苦难,她表现出的心神不定,以及明显的行为失常,促使工作人员们更乐于看到她赴死。这已经成了一种恶恶相报的怪圈。维特瑙收容所终于把厄休拉变成了纳粹分子们特别想置之于死地的、不会生育的、急于摆脱的生命体。

9月10日,维特瑙收容所的工作人员将身心俱疲的厄休拉送到了梅瑟里兹—奥布洛瓦德医院(Meseritz-Obrawalde),那是"二战"时期最臭名昭著的屠杀场之一,它位于柏林以东大约160公里。下车以后,厄休拉还要被转移到火车上,这是患者们前往梅瑟里兹—奥布洛瓦德医院的途径——火车途经26座德国城市,于夜半三更到达。

战后的审判证词揭示,梅瑟里兹—奥布洛瓦德医院的护士们非常乐于看到杀掉"给护士们添堵的患者、聋哑人、重病号、碍手碍脚的人、难管教的人,甚至还包括不招人待见的人"。这处地方正是厄休拉人生的最后一站。她只会操作蒸汽熨平机,夜里不睡觉,乱喊叫,几个月来总是浑身抹满自己的排泄物,她这样的人肯定会成为护士们首先杀掉的对象。

到达梅瑟里兹—奥布洛瓦德医院的患者们并非很快就被杀掉。

拖后的日子或近或远，因人而异，有时是数周，甚至数个月。医院的条件难以言状，和集中营很相像。住院的人都被强制劳动，每天都点名，工作人员在患者群里网罗了一帮"暗桩"。不过，厄休拉显然无法长期忍受这一切，因为她在到达后第三天就死了，时间是9月13日。她病历上的最后一行文字记录是："生命体结束。"①这显然是学过医的人在咬文嚼字，从中根本看不出她到底是怎么死的。

　　梅瑟里兹—奥布洛瓦德医院的工作人员说，厄休拉的死因是肺炎。不过，极为可能的是，护士们用药物人为地导致她出了状况，这是纳粹分子们惯用的杀人伎俩。1945年，俄国人冲进梅瑟里兹—奥布洛瓦德医院时发现，一个正在实施屠杀的毒气室刚刚作业到一半，药物吗啡—东莨菪碱和注射器堆积如山，还有一间屋子堆满了衣服和鞋子。俄国人查阅了医院的各种记录后估计，此前三年中，这里的工作人员屠杀了1.8万名患者。幸存者告诉他们，每天被杀掉的人有30名到50名之多。绝大多数遭送到那里的人都死掉了，例如，1944年的比例竟高达97%。

　　说到屠杀，德国人信奉的原则是，宁可伤及无辜，也不漏掉万一，这和他们推行强制绝育如出一辙。战争后期，德国人甚至连"自闭者"、尿炕者、逃避盟军轰炸者、患病的外国劳工等等也不放过。他们杀人疯狂到了无法控制自己，也不愿意控制自己的程度。

　　历史学家们确信，被纳粹分子们实施强制绝育手术的绝大多数残疾人是智力方面有缺陷的人，因为德国人正式公布过实施手术的患者的百分比。然而，他们始终没有公布过实施所谓安乐死计划期间的死亡人员名单。其原因是，即使在纳粹德国时期，这样的行为也属于违法。不仅如此，由于德国对个人病历隐私有严格的保密法管束，即使

---

① 原文为拉丁文 Exitus Letalis。——译者注

在战后，历史学家们也很难通过逐一分析案例计算死亡人数。不管怎么说，由于"智力缺失"是个易于乱扣的帽子和包罗万象的病名，人们不难想象，德国于20世纪30年代和40年代屠杀的大多数残疾人，至少在名义上成了智力方面有缺陷的人。综上所述，智力测试让纳粹分子们有了口实，便于他们以科学的名义辨别什么人适宜生存，什么人不适宜生存。人们相信，智商测试可以像激光扫描那样精确地测定人类的内在能力，加上人类始终无法准确地定义智力，这一伪科学才会如此猖獗。

第十章

英国的 11 + 智力测试

姑且不论智力测试是否真能服务于优生学，毫无疑问的是，但凡跟它有关系的人，若不是最聪明的，就是最愚钝的。第二次世界大战前，脑子不好使的人常常成为社会高度关注的对象。显著特征有三，其一为"低能人之威胁"说；其二为强制绝育措施；其三为滥杀智力缺失者。在埃利斯岛工作的美国人想方设法将智力缺失者阻挡在国门之外，心理学家们则设法防范此类人混入美国军队。美国的许多行政州则设法将智力缺失者关进各种收容机构，然后给他们作强制绝育。在对待智力缺失者方面，英国人可不像美国人那么极端（当然更不如德国人了）：英国人所做的不过是授权地方政府将智力缺失者们隔离起来，而非给他们做强制绝育手术。

第二次世界大战时期，纳粹的暴行反过来遏止了优生学在社会实践中的负面效应。优生学并未完全消亡，美国继续实施强制绝育即是证明。不过，优生学在美国也不那么张扬了，取而代之的是，人们开始走向优生学的另一个极端，关注最有天赋的人和最聪明的人：从某种意义上说，人们转而关注起优生学的正面效应。战后，在空间和军备两方面，美国和前苏联的竞争对优生学起到了推波助澜的作用。前苏联斯普特尼克号（Sputnik）人造卫星的发射对美国培养天才的规划起到了助推作用，因为当时人们认为，美国在培养科学家和技术超强人才的竞争中似乎落在了前苏联后边。

无论是对最愚钝的人还是对最聪明的人高度关注，都有其弊端。对前者高度关注，会引发优生学的负面效应，随之而来的是各种恶劣的后果；对后者高度关注，会导致国家忽视它的绝大多数人民，因为人们会认为，社会必须培育和关心的不过是极少数最聪明的人。最经典的例证为，战后数十年间，英国和威尔士的教育制度完全建立在一种被称为 11 + 智力测试的考试制度之上，而且还有智力理论为其撑腰。

利用心理学理论支持 11 + 智力测试，在这方面贡献最大的心理学家非西里尔·伯特（Cyril Burt）莫属。如果说，19 世纪 T·H·赫胥黎（T. H. Huxley）由于公开为进化论进行辩护，成了"达尔文的忠实走狗"，在捍卫和推广查尔斯·斯皮尔曼的常规智力指数方面，西里尔·伯特则扮演了一大群走狗的角色。20 世纪中前期，英国的心理学家西里尔·伯特不遗余力地试图证实常规智力指数的存在，以及它在社会生活中的重要性、遗传性、易测性。他试图在整个英格兰和威尔士按照智力划分重新整合社会，他的想法在社会实践中以失败告终。

相信常规智力指数，往往会使人在政治立场上偏向保守——譬如说，假设人们观点的迥异主要集中在生物学领域，政府干预就毫无意义，其实人们大可不必如此。想当初，西里尔·伯特和他的许多生物学同行实际上都是政治激进分子，他们常常和英国工党结盟。他们对智力如此深信不疑，他们希望的是，按照人们所具备的常规智力指数重新对社会进行整合。这是一种激进的观点，而非反动的观点。实际上，早在 1926 年，西里尔·伯特就曾经在一个政府委员会作证说，应当面向国土范围内所有 11 岁的孩子推行规模化的智力测试，以便从中遴选出 2% 智力方面最具天赋的人，对他们实施特殊教育。和大洋彼岸斯坦福大学的刘易斯·特曼一样，大约在同一时期，西里尔·伯特根据埃尔弗雷德·宾尼特的研究成果开发出了自己的测试套题。

对于智力在不同社会阶层的分布状况，西里尔·伯特常常兴趣盎然。考虑到等级社会长期以来一直存在于英国，这也就不足为奇了。组织来自不同社会阶层的学生参与自己设计的考试，然后对其跟踪数年，进行后续调查，西里尔·伯特得出的结论是，社会中超过半数的人拥有适合自己的岗位，这种状况应当继续保持下去。他还发现，在参与考试的人群里，体力劳动者往往比专业人员得分低。另外，社会中相当一部分人惨遭淘汰。"大致情况为：英国成年男子中有超过20%的人所具备的智力超过了他们所在岗位的要求，另有同样比例的人智力达不到所在岗位的要求。"对于在煤矿工作的人和扫大街的人来说，他们的常规智力指数偏高；而对于经营银行的人和外科医生来说，他们的常规智力指数偏低。西里尔·伯特认为，在一个更为公正和效率更高的社会里，人的聪颖——人的常规智力指数——会主宰他一生所从事的职业。

在一些社会力量的支持下，西里尔·伯特的想法导致全英格兰和威尔士10岁到11岁的孩子都参加一项被称为11+智力测试的考试，根据考试成绩将其分到两类不同的学校——文法中学和普通中学。出自这两种不同中学的人，人生道路截然不同（由于"二战"后经济环境使然，教育资源匮乏，出现了第三类水平居中的学校，其名称为技校，不过仅有4%的学生进入该类学校）。在两次世界大战之间，西里尔·伯特和一些心理学家曾经好几次在一个至关重要的教育委员会作证。他们没有和委员们争论智力究竟是什么，而是极力说服他们相信常规智力指数真的存在，而且可以测定，可以根据考试结果有理有据地将学生们分为不同的等级。

教育委员会的结论为："孩童时期的智力开发，在发育过程中似乎受控于某种单一的中心要素……每个孩子所想或所做的每件事里都有它的影子。总而言之，孩子在学校的表现如何，它是决定其成败的最重要的因素。我们的心理学研究人员已经向我们证实，通过智力测试，大体上可以把它测出来。"

经过上述人士的努力，人们逐渐开始相信，规模化的智力测试既能够"防止临阵磨枪考试过关"，更能够根据学生们的能力将其准确地"分流"，当然也能够筛选出适合得到奖学金的人选。像美国人将中学生"分轨"一样，英国人更进一步，在孩子们很小的时候就把他们分流，通常在他们12岁时，基于他们在"一次定终身"的考试中的表现，将其送进完全不同的学校（入学后甚至还会更进一步分班）。英国人认为，利用常规智力指数将人们分为三六九等太了不起了，他们还认为，智力考试太强大了。

数十年前，老前辈弗朗西斯·高尔顿试图推行"公开的考试制度，按照既定方针实施"，对人群进行分类，结果以失败告终。然而西里尔·伯特以及他的心理学同行们成功地说服了掌权者，他们已经取得了成功。实际上，不仅是他们的成功，还有他们对教育改革者的影响力，都达到了无以复加的程度。第二次世界大战后，在数十年间，被称为11+智力测试的英国式智力考试和人们的社会价值成了数学等式。绝大多数孩子离校前会参加一整天考试，当天的成绩即可决定其终身所受教育的取向和所奉职业的取向。

在11+智力测试中过关的学生会进入文法中学。这类学校提供高质量的具有真正学术氛围的教育。这类学校能够吸纳最好的老师和（从理论上说）最具天赋的学生。人们普遍认为，这样的学生会努力"为学习而学习"。文法中学培养的学生将会成为白领精英、商界人士、政府官员。这类学校和全国的大专院校都有学术上的联系，它们还肩负着培养英国未来的领导人的重任（没能力进入令人艳羡的私立中学的学生们至少会这么想，普通中学一般不主张自己的学生们参加11+智力测试）。

英国教育部设立和主导的考试并非仅有11+智力测试一种。在英格兰和威尔士全境，总共设有大约150个地方教育局，它们都有自己的考试方法，用以决定孩子们在中学阶段应当受什么样的教育（苏格兰从来不用11+智力测试，它有一套自成体系的考试方法对学生进行分类）。某些教育局采用单项选择的考试方法，其他教育局则不用。地方教育局常常是某一阶段采用此种方法，另一阶段换为另一种方法。经常采用的题型有心算数学题——不用纸和笔进行计算的数学题、阅读理解和词汇测试，有时候还会有短文写作。

例如，1955年，南威尔士的格拉摩根郡教育局要求监考老师在考试现场朗读如下数学题："在一个装橙子的箱子里，好橙子比烂橙子多出84个，如果烂橙子和好橙子之比为2∶9，请问，箱子里共有多少个橙子？"同年的试卷有一部分为写作，限时半个小时，可选题目有：《给娃娃穿衣》、《野营》、《一场暴风雪》。试卷还有一部分为阅读理解，其中有答题，其类型如："第1题：胡安（Juan）每隔多久去一次帕尔马[①]？""请根据短文内容解释……马蹄湾／经日光浴晒成光亮的古铜色／旅游者／拖网。"还有一部分为标点符号测试。另外还有经典的智商测试题型，例如："第10题：人悲伤时会哭，高兴时会_____。"

简而言之，英国其他地区的智力测试题型与上述题型大同小异。考试测定和比较的是学生们对词汇、语言、数学的认知。人们认为，通过这样的考试，可以无限制地参透人的内在能力，从而在学生中分出孰优孰劣。

---

① 西班牙巴利阿里群岛的首府。——译者注

参加 11 + 智力测试与否，对 10 岁和 11 岁的孩子形成的压力巨大无比。什么人可以过关，什么人完全没必要参加考试，每个旁观者（包括老师、校领导、同学和家长们）似乎早已成竹在胸，这尤其增加了孩子们的压力。当时整个社会似乎都患上了幽闭恐惧症，每个人都关注考试，只要说到考试，大人对孩子们总是不吝说教。参加过 1948 年考试的威尔士妇女帕特里夏·摩根（Patricia Morgan）清楚地记得，考试前人们常常对她说："丫头，如果再不打定主意振作起来，你就只能在服装厂混一辈子了。"在工人居多的南威尔士，这样说无异于对孩子进行恐吓。

帕特里夏·摩根生长在农村地区，那里是地下巷道纵横交错的采煤区。考试结束后，只要在街上遇见大人，孩子们总会被拦住，接受盘问，问的都是在考试中过关了没有。帕特里夏·摩根的原话是："我记得，从学校回家时，遇到的路人总是问我：'你考得怎么样？你考得怎么样？'我每说一遍过关了，就能得到六便士。而我根本不认识那些人。"

最令人难堪的是（至少对考试没过关的人如此），所有考试过关者的名字会刊登在当地的报纸上，以便大家都能看到。那年头，考试太重要了，有事实为证：如今许多六七十岁的老人仍然保留着印有他们名字的剪报，以及文法中学的录取通知书——这一切全都源自五六十年前那场持续了一天的考试。每当问起当事人能否记得考试当天的情景，人们听到的最多的答复是"历历在目"。他们清楚地记得考卷的样式、考试内容、考试地点、现场的感觉，等等。一位女士描述她当年做过的试卷如下：

"试卷好像就在我眼前，我还能闻见纸的味儿。试卷做得挺美观，也很规整。假如你把 216 毫米×280 毫米的试卷纸对折，它就会变成 216 毫米×140 毫米那样的一本小书。试卷的字号很小，现在我还能想象出第一页页眉位置上那行字呢！"

后来她从车库的一个箱子里翻出了当年的试卷，以证明她的描述准确无误。

文法中学之所以出名，是因为它们能提供最好的教育。通过11＋智力测试的人都可以上这样的学校。帕特里夏·摩根当年在南威尔士的小城市帕斯上文法中学，谈到那个学校20世纪40年代末50年代初的状况，她是这样描述的："相当严格。管理非常严，有数百条规矩管着，弄不好就犯错。我毕业后才意识到，我们学校的老师素质特别高。可能你想不到，他们都毕业于牛津大学和剑桥大学，都拿到了一流的学位。"

从硬件设施上说，文法中学通常要比普通中学强许多。普通中学招收的都是没通过11＋智力测试的学生。帕特里夏·摩根上的学校有镶花地板，中央走廊上有雕像和画像，地面铺装的材料上还带有图案。从破烂的小学到文法中学，帕特里夏·摩根有一种换了人间的感觉。我问她当年大多数同学上的普通中学到底怎么样，帕特里夏·摩根禁不住笑起来。她说："差得远，没法比。"

想让孩子们获得平等的教育，又要将白人和黑人按种族划分，进入不同的学校，这样的政策在美国再也推行不下去了；大约在同一时期，让孩子们按智商高低分校，实行完全不平等的教育，在英格兰和威尔士同样也推行不下去了。当年人们普遍有一种印象，"二战"之后，地方教育局的官员们急需人手到普通中学的教学班里任职，其紧迫程度近乎到了但凡是个成年人即可上岗。那一时期，从军队全身而退的男女复员军人，无论是否曾在教育口工作过，只要有工作需求，即可到普通中学任职。

谈到当年的师资情况，帕特里夏·摩根是这样描述的："那些老师都不是大学毕业生，他们只不过在大学里上过师资培训班。从军队退役后,许多人上过强化班。你可能想不到,他们年轻,从前都是陆军或空军……我不是说他们不够格,有些人够格。不过,普通中学和文法中学里的老师有着极为明显的差别。"

没通过 11＋智力测试的孩子"宁愿乘海船离家出走也不愿进普通中学"。普通中学的教学质量如何,由此可见一斑。历史学家 A·J·P·泰勒(A. J. P. Taylor)曾经为这样的问题孩子当顾问。他对普通中学的评价是:在最糟糕的情况下,那些学校不过是对人们实行监管的大监狱,学校的中心任务就是像看护婴幼儿一样监管孩子们的一举一动,直到他们走完义务制教育阶段("二战"后为 15 岁,1972 年以后为 16 岁)。他们毕业后只能从事"没有出路的工作"。这样的学校可谓一无是处,它们甚至会扼杀最爱提问的孩子的好奇心。我们不妨用孩童时期精力无穷的迈克·克莱门茨(Mike Clements)的经历作为例子。20 世纪 50 年代和 60 年代,加的夫市是威尔士的首府。迈克·克莱门茨的家族上溯好几代的先人在工人阶级居多的伊利区扎根以来,全家人一直居住在这里。迈克·克莱门茨的父母在这里长大,他爷爷辈曾经有人在离家不远的酒馆里与他人斗殴死于非命。在一张老照片上,迈克·克莱门茨和他的哥们儿个个都土得掉渣,他们的头发是自己在家修剪的,身上穿的背心和外衣都是样式杂陈、五花八门的成衣。

伊利区是迈克·克莱门茨们的全部世界。为工人和他们的家人修建的砖房低矮拥挤,门窗狭窄,房屋一排紧贴着一排,由中心区向外凌乱地延伸着。威尔士的天空显得压抑,呈灰色。小迈克·克莱门茨和朋友们就在这样的环境中玩耍。他们的父母以及祖父母都在伊利区的造纸厂、商店或其他工厂上班。如果不仔细辨认,照片上的这帮人在美国人眼里会显得既熟悉又陌生,似乎他们的穿着打扮是为了造就一支新的英国摇滚乐队。不过,如果每一支甲壳虫乐队都是由矿工和其他产业工人组成,候选人未免太多了。而迈克·克莱门茨的绝大多数哥们儿一辈子从事的就是这种工作。

迈克·克莱门茨从上学伊始就表现得出类拔萃。大约9岁时,他已经如饥似渴地阅读起安娜·塞维尔(Anna Sewell)、查尔斯·狄更斯(Charles Dickens)、罗伯特·路易斯·史蒂文森(Robert Louis Stevenson)等人的著作了。他说,数年来老师们一直认为,他的阅读能力和拼写能力始终领先于同龄人,因此,老师们多年来总是把他安插在快班里。

上学之余,年龄幼小的迈克·克莱门茨满脑子装的都是如何赚钱。10岁之前,他用废弃的纸板鞋盒子做出吸引孩子们扎堆玩的游戏道具,然后拿到大街上招呼其他孩子们一起玩。他的制作都是基于真实的游戏,例如弹子游戏,每局收费一到两个钢镚。像所有赚钱的赌场一样,迈克·克莱门茨制定的游戏规则总是有利于自己。因此他常常说,朋友们的"零用钱总是被搜刮光"。上学之余他还常常送报送货,帮人洗车,浇花锄草,劈砍柴火,目的纯粹是为了钱。

"当时我就知道将来我能自立,"说这话时,迈克·克莱门茨已经56岁了,"我10岁或12岁时就知道这一点。"

不过,迈克·克莱门茨的学校根本没有让他和他的同学们作好迎接考试的准备,而考试比赚钱重要得多。尽管试卷的内容无法预测,事先作好迎接考试的准备无疑是可行的。家人的支持也至关重要,迈克·克莱门茨连这个都没得到。虽然母亲知道11+智力测试非同小可,1960年,迈克·克莱门茨参加考试前,母亲为他做的仅仅是考试当天给了他一个2.5厘米高的黑色塑料猫。这是一种非同寻常的、含意不明的举动,因为一只黑猫从眼前跑过,既可带来好运,也可带来霉运,全凭个人的好恶。迈克·克莱门茨把小猫揣进衣服口袋里,然后就开始重复每天一早的规定动作,迈开腿往数公里外的学校走去。

"过去人们常常说,如果有一只黑猫从你眼前跑过,一些人会认为这意味着好运气;另一些人则认为,放在从前,这就意味着要倒霉。就我的情况来说,或许这意味着要倒霉。"迈克·克莱门茨说着说着突然改了主意,这恰如其分地反映出大多数人在人生的关键点上的矛盾。他顿了顿,又接着说:"按前边的说法,这也有可能意味着好运。"

老师把卷子发到每个人手上时,迈克·克莱门茨的心咯噔了一下。他完全看不懂卷子!考卷上的提问奇怪透顶,看起来好像是用外文写成的。他环顾了一圈周围的人,从其他人脸上茫然的表情看,每个人的反应都跟他一样。

考试结束后,刚一出考场,迈克·克莱门茨就把口袋里的小猫掏了出来。他心想,运气可真叫好啊!随后他就把小猫扔到一边去了。迈克·克莱门茨仍然记得,在他上的小学里,鲤鱼跳龙门进了文法中学的,大约每百人里仅有屈指可数的几个。家长们对孩子的成长漠不关心,老师们则认定,但凡生长在伊利区的孩子,没必要支持他们参加决定他们后半生的考试。跟这样的家长和老师在一起,迈克·克莱门茨只能认命。同一时期,南威尔士的其他学校以及全国其他地方的学校则一门心思专注于应付考试。

考试结果由专人直接送达各考生家。迈克·克莱门茨说,发放结果那天,人们都会走出门去,站在自家台阶上"观看谁家的孩子会有远大前程"。接着他又补充说,在那要命的一天到来之前,某朋友曾告诉过他,如果装成绩的褐色信封很"茁实,你就不会成为茁实人"(文法中学的通知书非常厚,能把信封撑起来)。如果收到的是个薄得不能再薄的信封,考生——以及周围的邻居们——不必打开它,即可知道这孩子将来只能成为体力劳动者。薄信封里显然装不了什么内容。尽管迈克·克莱门茨的读写能力超强，他依然收到了一个薄信封。

当年，人们虽然无法开诚布公而且明白无误地指出考试背后的目的，1960年派送考试结果的那天，出现在伊利区的情景恰恰是11+智力测试目的之所在。在多数情况下，规模化的智力测试意味着将大批人群进行二元化分类：无论高低贵贱，一概分成有前途的和没前途的，无论是在埃利斯岛上，还是在纳粹集中营里，或是在各学校里，其实质都如此。每当劳动力多于工作岗位时，此种需求即会上升。战后，英国的学校成了规模化的智力测试的主要应用场所。大英帝国的人口在迅速膨胀，国会刚刚通过一项法律，将义务制教育的年龄提高到15岁，直接导致各学校的学生数量严重超员。迈克·克莱门茨居住的伊利区到处都是简易房。战后，那样的简易房如雨后春笋般在英国四处冒了出来，尤其加速了新生代孩子们的出生。为了适应不断增长的人口数量，英国政府仅在1947年就需要扩招115万新生。无论是当时还是接下来的几年里，英国政府始终心有余而力不足。当人类对自身的制度更为重视时，对社会效率的需求便超越了对人类个体的关切。

多数学生通不过11+智力测试是意料之中的事。论及考试通过率的分布情况，与其说是按人群的内在能力分布，不如说是按地域分布。在某些地区，文法中学预留给本地生源的比例仅为8%，而比例最高的地区可达60%。在第二次世界大战后的英国，居住地的重要性超过了人脑的聪明程度。因此，有经济实力的家庭都搬迁到了文法中学密度大的地区。全英国都为通过11+智力测试而歇斯底里，从而导致一家谷物公司将试题印刷到了该公司的商品包装上。

多数家庭没有经济实力搬迁到能够大量提供招生名额的地区，家长们只好强迫孩子们努力学习，并且想方设法说服学校按照考试要求进行教学，结果导致英国境内各学校的课程设置畸变。这种情况在南威尔士尤其突出，因为那里的半熟练和非熟练工人的比例远高于英国其他地区。对于希望摆脱这一切的家庭而言，通过 11＋智力测试，等于掌握了离开煤矿和工厂的通行证，通不过考试的后果则非常凄惨。男孩子们要么好好在学校念书，要么刚到 15 岁或 16 岁就开始下矿井。进入文法中学意味着避开矽肺、巷道倒塌、致命的煤粉爆炸、断指、机器碾碎手、没有尊严、无聊的工作、收入低下，等等。对于通不过 11＋智力测试的女孩子们来说，如果选择参加工作，等于把一辈子奉献给商店或工厂。

其结果是，由于家长们对考试忧心忡忡，导致许多学校变成了 11＋智力测试培训学校。这样的学校比根本不支持孩子们参加考试的学校（像迈克·克莱门茨所遭遇的）要好。不过，这样做完全背离了此种考试的初衷。参加 11＋智力测试之前，学生们花费数年时间练习数学心算，阅读培训材料里的短文，回答相关提问——所有做法都以当地的 11＋智力测试内容为中心。考试竟然如此影响教学，曾经促使一位下议员质疑说："一些学校的校长将课程设置完全以文法中学的入学考试为核心。年仅 7 岁的孩子刚刚步入小学，其全部心思就开始瞄准这一考试。小学期间的所有课程设置完全扭曲和变形了……这种扭曲……是极其恶劣的。"

好的师资全都被用来应付考试了。英国的心理学家们曾经认为，从理论上说，智力测试会把每个学生置于与其相适应的学术氛围里，促进"以孩子为中心"的教育。实际上，学校强调的却是体制上的效率和高入学率。通常在孩子们成长到 5 岁至 7 岁时，老师们就必须区分出哪些孩子具备通过考试的能力，哪些孩子不具备，进而使学校能够集中精力并花费数年时间，培养大家认为有能力通过考试的孩子。

学校一般将孩子们分为快班、中班、普通班（快班里都是最聪明的孩子），规模较大的学校甚至还会有慢班。孩子一旦进入层次较低的班，就很难升入层次高的班。随着时间的推移，升班难度还会逐渐加大。因为，针对不同类型的班，教学内容不尽相同，班与班的差距会逐渐变得无法逾越。快班的学生个个都要参加 11 + 智力测试。中班的学生通过考试的比率虽然差了一大块，前去碰运气的孩子仍然会占到一定的比例。学校一般不允许普通班和慢班的孩子参加考试，当然也就不会向他们提供有针对性的教学了。开窍晚的孩子显然非常吃亏。

心理学家们的愿望是，孩子们成长到 10 岁至 11 岁时，用科学的方法将他们当中最优秀、最聪明的人筛选出来。而 11 + 智力测试完全无法如他们所愿。筛选的过程实际上早就开始了。另外，衣着打扮、行为举止、表达方式、家长的期望、家庭氛围的熏陶，以及其他种种环境因素，都会影响到老师们决定哪个孩子应该进入哪个班。最终结果往往是，中产阶级家庭的孩子进入快班总是多于工人阶级家庭的孩子。

孩子能否进入快班，出生日期甚至也会对其产生影响。《经济学家》(*Economist*) 杂志的记者阿德里安·伍尔德里奇 (Adrian Wooldridge) 出版过一部介绍英国教育和心理学历史的著作，曾经轰动一时。他写道："出生在 9 月到 12 月之间的孩子进快班的机会对半，出生在其他月份的孩子进快班的机会仅为三分之一到四分之一。在分班达到四种类型的学校，夏季出生的孩子分到慢班的几率比出生在冬季的孩子高出一倍。"

英国对社会阶层和社会等级的重视，不仅彰显在文法中学和普通中学的巨大差异方面，也体现在这些学校对学生的进一步分班方面。11 + 智力测试不过是对学生进行分流的十字路口而已。在迈克·克莱门茨上过的加的夫市辛特维尔现代中学，每年划分的各种班被称做"技术班"、"普通班"、"某某班"（他们学校没有快班、中班、普通班）。技术班当然要学技术，它还意味着，这个班的孩子们毕业后有能力从事技术工作。迈克·克莱门茨被分到了技术班——实际上他被分到了最高的班（技术一班），是同年级三个技术班里最好的班。普通班就是要学普通知识——用迈克·克莱门茨的话说，也就是会成为"扫大街的材料"。普通中学最后一种类型的班，即水平最低的"某某班"究竟叫个什么班，迈克·克莱门茨已经回忆不起来了。他开玩笑说："姑且将它称做'农民班'吧。"

正如西里尔·伯特1923年所说："社会的责任首先是确定每个孩子的智力水平；其次是给予孩子最适合其水平的教育；最后是根据孩子与他人不同的智力状况引导其就业。"对迈克·克莱门茨而言，他在中学时期接受的实际教育，理应是心理学家们在两次世界大战之间倡导的所谓"以孩子为中心"的教育。那时候，学校无法提供良好的个性化的教育，却能够将孩子未来从事的工作清楚地划分出来。从更广泛的意义上说，能够把孩子在未来社会中的地位勾画出来。

迈克·克莱门茨在普通中学上学时，跟就业指导老师谈过工作。他告诉对方，他想成为农场打工者——而非农场主。指导老师愣了半天才缓过神来；问道："你真的这么想？"因为，迈克·克莱门茨是最好的班里的好学生。

迈克·克莱门茨到农场工作的想法最终还是破灭了。15岁毕业时，他没有参加毕业考试：他受教育的过程简简单单就结束了。由于他经常参加学校的木工和金属加工活动，原本他可以得到特长证书，然而他已经没有了这方面的兴趣。那些证书在社会上是否有用，时至今日他仍然不甚清楚。

"我们不过是被强塞进了……这台绞肉机里，从另一头出来后不是进这家工厂就是进那家工厂。至少对我来说是如此。"迈克·克莱门茨顿了一下,接着说:"我进了一家工厂,我爸和我哥都在那里工作。我妈也在那里工作过。我爷爷、奶奶也是。在我们生活的地区,人人都在这家造纸厂工作过。这么说吧,我们不过是工厂的原料而已。"

绝大多数普通中学毕业生的命运不过如此。20世纪50年代,一位评论家的结论是:没上过文法中学的学生,每2.2万人里,仅有一个能上大学。

这并不是说,进了文法中学,就能保证将来荣华富贵。一开始,仅有10%的文法中学学生最终能够进入大学。正是这些学生——主要是文法中学快班里的孩子们,他们才是整个英国和威尔士的教育制度最终筛选和选拔出来的精英。这一小拨人才是整个国家制度最珍视的珍品。他们是上大学的料,国家向他们提供最具挑战性的课程和最好的老师。例如,文法中学快班的学生有机会学拉丁语,中班和普通班的学生往往只能学法语。

英国当年的教育制度和11+智力测试最后均以失败告终,因为它们太庞杂、太刻板。具有讽刺意味的是,当年的教育工作者和心理学家们完全没有考虑孩子们的心理状态。他们想当然地认为,孩子们会想方设法努力。然而,和参加过11+智力测试的人谈过话之后,结果大大出人意料,几乎所有的孩子都没有意识到有必要努力。一位研究神经学的伦敦学者,其同事是"全国最好的医学研究人员之一",他曾经说过,他的同事小时候故意在考试中落榜,其原因是当地的文法中学的校服太"傻帽"。对于10岁到11岁的孩子而言,采取这样的态度是极为可能的。因此,国家需要的是一种更注重个性和更为灵活的教育制度,而不是基于令人怀疑的理论,一天之内即可完成决定人们生死存亡的筛选过程。

通过考试进入文法中学的学生,不一定会有学习的动力。对此,一位前威尔士的煤矿工人解释道:"我的朋友们,没有一个人通过 11 + 智力测试,所以我就成了倒霉蛋。"他说朋友们奚落他,是出于"纯粹的嫉妒,因为我通过了考试,而他们却没通过"。当时他还年轻,易受外界影响。在当地文法中学上学期间,他刻苦学习了不到两年,便不再坚持了。当时的学校根本没有激励学习的机制。到末了,他也追随那些进了普通中学的朋友们下了"坑"——这是他们对煤矿的称呼。

那一时期,社会经济学界也对英格兰和威尔士的孩子们在智商测试中的表现有极其深远的影响。学者们发现,下层工人阶级家庭的孩子们成长到 11 岁时,智商成绩反而会下降,中产阶级家庭的孩子们则会成绩上升——对意在测试人们内在能力的考试而言,这不啻是一种怪诞的模式。让孩子在 8 岁时做智商测试,根本无法预测其在 11 + 智力测试中会如何表现,对此人们当时就已经见怪不怪了。

简而言之,利用 11 + 智力测试像淘金般从人群里淘选出迄今为止未被认识的天才,不过是人们的想象,根本行不通。和 1928 年到 1947 年的情况相比,第二次世界大战结束 15 年后,步入大学的工人阶级家庭和中产阶级家庭的孩子所占的比率一如既往。所谓的客观智力测试的观念可能只是对社会地位的一种威胁,而并不是改变社会地位的实践。

英国的许多研究人员直到 20 世纪 60 年代才认识到,英国的学校长期以来用于严格筛选孩子们的 11 + 智力测试和智商测试,远不够精准和可靠。人们逐渐开始强烈关注那些"跨界"的学生,即分数相当高——比如智商测试得分在 110 到 120 之间,由于居住地不合适,文法中学有可能录取也有可能不录取的学生。人们还认识到,环境因素对这些学生的影响特别大。用《测定大脑》(*Measuring the Mind*)一书的作者阿德里安·伍尔德里奇的话说,研究人员们发现,"家庭条件、家长对孩子们的鼓励程度、孩子们所在小学的过往记录（用往年升入文法中学的学生平均比例衡量），以及孩子们上学初期的分班情况——所有这些环境因素与孩子们的家庭所处的地理位置形成鲜明的对比。它们使中产阶级家庭的孩子们向好，却使条件相同的工人阶级家庭的孩子们向坏。"

教育制度竟然没考虑贫穷带来的影响，仅根据一天的考试结果，就决定孩子们应该上好学校或是不好的学校。跟"二战"后在南威尔士的贫困地区长大的人们随便聊上几分钟，就可以感觉到贫穷的存在。仅仅因为一点点费用问题，拒绝文法中学的名额就成了一些学生不二的选择。1948 年，一位差一点儿去加奥文法中学（Garw Grammar School）上学的女生最终没去成，其原因是她的父母负担不起校服的费用。"最终进入文法中学的学生一般都是独生，要么就是他们的父亲在院校（原文如此）里当官。"那位女士记述道，"我常常禁不住会想，许多原本会成为未来的首相的人，不得已干起了地下工作，原因仅仅是，他们交不起买校服的钱。"

终于进入文法中学的中产阶级的孩子们似乎比穷孩子们更容易获得成功。智商测试分数在 115 到 129 之间的中产阶级的孩子们，有 34% 念完文法中学后会继续接受教育。而处于相同智商测试分数段的工人阶级的孩子们，仅有 15% 会这样做。工人阶级的孩子们常常由于费用问题在文法中学阶段辍学。

对此，一位前威尔士的煤矿工人解释道："如果升入文法中学，就必须……靠父母给的那点儿可怜巴巴的零花钱过日子。然而，如果到矿上工作，至少还可以自己挣工资，就算把 80% 左右的工资交给父母，剩下 20%，还是比你得到的零花钱多。"

学校无法补偿社会上的种种不公平。不过，为什么不在教育体制内提供良好的教育呢，这至少是学校权限内的事啊。

总的来说，到 20 世纪 60 年代中期，文法中学体系、11＋智力测试、智商测试等等在英国的政治界和教育界已然风光不再。心理学家们作出的承诺太多，他们兜售的考试太抢眼，他们还滥用了人们的信任。他们预测未来的失误率高于准确率。作为预言家，他们更加可怜。一份政府报告的结论是："9 岁到 10 岁的孩子是否为可塑之材，假设智商是区别他们的唯一标准，等孩子成长到 19 岁时用同一标准再次衡量他们，人们肯定会发现，其失误率竟高达 20%。"心理学家们最终只得承认，临时抱佛脚式的训练和平日的教学质量可以在很大程度上影响智商测试的结果、英语考试的结果和数学考试的结果。正如某些个头矮的孩子被阻于体校大门之外，长大后他们的个头却超过了 1.8 米。11＋智力测试严重阻碍了开窍晚的孩子，而他们一生中仅有一次机会。

即便是基于智力理论考虑，11＋智力测试在实际使用中也几乎没有实际意义可言。自维多利亚时代的弗朗西斯·高尔顿以来，智力专家们一直在试图解释，智力是平均分布在广大人口中代代相传的，未见明显按人群划分的迹象。不过，英国和威尔士的教育体制却是两极分化的，学校只有好与不好之分。考试定终身之后，人们在学习方面无论表现得多么出众，如果想在两类不同的学校之间实现转学，若不是可能性极小，就是根本不可能。

在 20 世纪 60 年代中期的联合王国版图内，政治风向变了，变为有利于"环境因素影响人类智商"的说法了。到那时为止，工人阶级政治运动中的人们认为，两极分化的教育制度仅仅有利于少数精英们。他们反对这一制度，并且施压，要求变革。同样重要的是，中产阶级的家长们已经厌倦了没日没夜地担忧文法中学有可能不接纳自己的孩子——他们还担忧，万一孩子 11＋智力测试没过关，他们就必须负担孩子上私立学校的费用。所以，1965 年英国教育科技大臣安东尼·克罗斯兰（Anthony Crosland）走马上任时，曾经发誓让文法中学寿终正寝。"我一定要在任期结束前"，他曾经对夫人说过，"毙掉他妈的所有英格兰的文法中学。还有威尔士的，北爱尔兰的。"末了，他并没有完胜，不过联合王国的大多数中学确实摆脱了文法中学的模式。

11+智力测试在英国大行其道时，在"公学"（当年联合王国的人就是这样称谓私立学校的）上学的真正的最上层精英们从未受到11+智力测试的影响。用当年激烈反对11+智力测试的一位评论家的话说，当年还是孩子的温斯顿·丘吉尔（Winston Churchill）参加哈罗（Harrow）公立学校入学考试时，除了在卷面上滴了一大片墨水，什么也没做。那可是令人仰视和尊敬的公学之一，他凭借家族关系，就进了那所学校。11+智力测试从不干扰这些上层人士的权利。从更广泛的意义上说，教育体制并未大规模地重组社会，使之成为以聪明人为核心的社会，反倒刻意强调什么样的人值得拥有中产阶级的职位（当然，不足为奇的是，在多数情况下，答案无疑是中产阶级的那些孩子）。

没通过11+智力测试并不意味着在职场上一辈子绝对无法取得成功。无论考试结果如何，该成功的人肯定会成功。没通过11+智力测试的人往往会在艺术领域、诸如工程和制造等技术职业领域，以及商贸领域取得成功，这些领域往往不需要人们具备严苛的教育背景。说实话，没通过11+智力测试多多少少会给希望改变自己命运的人们蒙上一些阴影，迈克·克莱门茨的职场生涯即可说明这一点。20世纪60年代中期，15岁的迈克·克莱门茨从加的夫市现代中学毕业后，先在伊利区造纸厂干了几年，随后，他所涉猎的创业领域多得令人眼花缭乱。20世纪90年代中期以前，他当过公共汽车售票员，做过汽车修理工，为舞蹈演出倒腾过展演场地，倒卖过不动产，开过小型金属公司，办过印刷公司，经营过卡车公司。他还跟亲家兄弟合伙开办过私人侦探所，甚至还开过一阵子出租车。

令人惊奇的是，迈克·克莱门茨闲暇时总会前往加的夫市中心图书馆，去那里读书。他对英国的判例法系（common law system）着了迷，因为它竟然"如此多变和有活力"。他开始高度关注某位法官的观点——埃尔弗雷德·丹宁（Alfred Denning）大法官的观点——他确实被深深吸引住了。

迈克·克莱门茨说："过去我常常对他的案子着迷。"

他认为，埃尔弗雷德·丹宁是个对"整个星球都有利的人物"。因此，1995年4月，他给后者写了封信，把自己的看法告诉给对方。当时埃尔弗雷德·丹宁大法官是上诉法院保管案卷的法官，是联合王国排位第三的法官，也是英格兰和威尔士民事上诉法院排位第一的法官。多年来，他在英国法律界是个伟人，自20世纪40年代末以来，他对合同法以及其他法律有着极其深远的影响力。对加的夫市工人阶级的人士来说，写信给埃尔弗雷德·丹宁是个极其大胆的行动。

他们两人建立的通信关系一直延续到1999年埃尔弗雷德·丹宁大法官去世。大法官去世前，曾鼓励迈克·克莱门茨去法学院深造。长期以来，白领职业始终对从业人员的教育背景有具体要求，而法律行业是最为刻板和等级最为严苛的行业。在当今世界，15岁离校，没有良好的教育背景，一般来说很难成为可以挂牌的法律从业者。

迈克·克莱门茨参加11+智力测试是40年以前的事了，他对考试仍然津津乐道。他接受我的电话采访时，正在多米尼加共和国的家里，每年他都会去那里一个时期。如今他是加的夫市的挂牌律师，他还有许多兼职。让我感到意外的是，他一点儿也不排斥智力测试。

"如今，我比以前更为坚信，其实长期以来我一直这么认为，教育体系必须分门别类因人施教。"这是他最近对我说的。"谁也不想看见满世界都是医生和律师而没有人疏通下水道。显然，在孩子年龄还小时就应该分班。我们是这一体制的一部分。社会不需要所有的人都去上文法中学。"

第十一章

美国死刑和智商测试

智商测试向人们提供对未来不太确切的预期。智商指数为 120 的人更容易成为白领职场的从业者,而且比智商指数仅为 90 的人在职场上干得更漂亮。穷困潦倒的人、领取救济的人、大牢里的囚犯、辍学的高中生、经常失业的人、单身的母亲,大凡此类人等,智商指数往往偏低,只不过程度不同而已。与智商指数低下的同胞们形成鲜明对比的是,智商指数高高在上的人往往身体更为健康,也更加高寿。用智商预期未来,从来都不会特别准确,然而一直以来,它们总是有市场。

不过,人们始终也没弄明白,智商指数和某人适合做什么以及不适合做什么,两者之间究竟有什么关系。譬如说,学生必须具备多高的智商才能学好微积分?长期以来,尽管一直有人利用智商测试的分数预测人们对事物的理解能力,还从来没有人能够准确地做到这一点。最极端的例子是美国的死刑案例。2002 年,美国联邦最高法院作出裁决,停止对脑子发育不健全的人处以死刑。而十多年前,联邦最高法院的裁决与此正相反。如今的大法官们认为,智力不健全会影响人们应对、思考、表达、理解身边正在发生的事情的能力。联邦最高法院认为,脑子发育不健全的人往往有能力判断正确与错误之间的差别,然而他们的"能力在如后所述领域却极其有限:理解和处理信息的能力,交流的能力,从失误中总结经验以及从经历中吸取教训的能力，运用逻辑推理的能力，控制冲动的能力，理解他人反应的能力，等等。没有证据表明，他们比其他人更易于卷入犯罪；相反，有大量证据表明，他们的行动常常出于一时冲动，而非出于事先计划；在共同犯罪中，此类人只是从犯，而非主犯"。

在裁决阿特金斯诉弗吉尼亚州案（*Atkins v. Virginia*）时，最高法院事先就意识到，区分哪些被告脑子发育不健全，哪些被告头脑正常，今后会成为法院判决的主要障碍。"是否应当对脑子发育不健全的被告处以极刑，其争议之大，达到了激烈的程度，主要是如何定义哪些被告真的脑子发育不健全。"最高法院认为，如何界定脑子发育不健全，这一棘手的问题应当由各州自行裁定。阿特金斯案定性之后，许多州把界线定在了智商指数为70以下，或18岁之前即清楚地显露出处理问题的能力有限。

在阿特金斯诉弗吉尼亚州案中，法院采用的智商测试是美国国内以及世界范围内都声名卓著的韦氏成人智力测评——III（WAIS-III）。该案的主要麻烦是，这种测试在多大程度上能够透视犯重罪的被告在决定其生死存亡的时刻如何判断正与误。我们不妨暂缓讨论这一问题，最好先把阿特金斯一案所牵涉的事实梳理一遍，这样即可看出，判定脑子发育不健全的人有多么玄虚和多么困难。被告达里尔·阿特金斯（Daryl Atkins）的分数（至少最初几次测试的得分）低于法定的智商指数门槛，而且他年轻时已经显露出一些智力问题。不过，跟一个朋友合伙犯罪时，看起来他才是策划者和领导者。

发生谋杀的时间是1996年8月17日凌晨。数个月以前，阿特金斯离开了高中——他并没有完成高中学业，当时他已经18岁。他自称完成了11年的学业，不过他的情况远远落后于同龄人。人们很难说清楚，他究竟完成了哪个年级的学业，高中老师们有时称他为高三学生，有时称他为高二学生。早年他上小学时，老师们就拿他没什么办法，只好随他去，让他按部就班升级。上一年级的时候，他的情况似乎还说得过去，后来就不行了，不过学校只能让他继续升级。二年级时，学校让他蹲了一次班，后来他的成绩又跟了上来。到了四年级，他又落在了后边，有三门课刚及格，四门课不及格，不过老师们还是决定让他升到了五年级。

"学校评价手册上注明，让他升到五年级。"这话出自埃文·纳尔逊（Evan Nelson）博士，他是一位心理学家，他参与了阿特金斯谋杀案的鉴定，并出庭作证。他接着说："换句话说，这只是一项社会举措，只是为了保证他能跟上其他孩子。这并不意味着学校认为他完成了四年级学业。上五年级时，他确实表现不好，有两门课良好，六门课及格，两门课不及格。"

老师们一直容忍阿特金斯按部就班升级。到了八年级，阿特金斯的所有成绩都直线下降，所有科目都不及格。他参加了弗吉尼亚州统一的升学考试，虽然没过关，却依然升到了高中。高中阶段，他在十年级上了两年，之后第一次进了特殊教学班。

离开高中以后，阿特金斯常常喝醉喝高，还常常实施暴力抢劫。1996年4月末，阿特金斯和几个朋友在大街上持枪抢劫了四个人。几周后，他手持一把刀，闯进一家汽车配件商店，从保险柜里抢走了上万美金。6月初的某天半夜，他闯进一所房子，搬走了一台电视机，盗走了一些珠宝、一件皮大衣，以及其他一些东西。那之后又过了数周，阿特金斯和一个同伙绑架了一个开车送匹萨饼的外卖员，以死威胁对方游过一片沼泽地。最后，发生谋杀案一周前，阿特金斯在一位女士家的前院向其开了枪。

"我跑到前门廊趴了下来。"那位女士后来说，"我只是想阻止女儿从屋里跑出来，因为我觉得，他可能向她开枪。"

1996年8月16日，阿特金斯和他26岁的朋友威廉·琼斯

（William Jones）整整纵情了一天一宿。威廉·琼斯出庭时说："我们一直喝酒抽麻。"他记得，他们喝了半打32盎司和40盎司的听装啤酒①、两瓶家酿果汁杜松子酒，没完没了地抽大麻。他还记得，他们一整天没吃任何东西，脑子全乱了。

其间，有几个喜欢聚会的朋友来过，又走了，其情景类似跑龙套的演员，在烟雾缭绕的舞台上亮相一下，然后离开。酒劲一过，凡身上带钱的人都把钱掏出来，凑到一起，大家便一窝蜂涌进不远处商业街上的 ABC 便利店和 7-Eleven 便利店，寻找果汁酒和啤酒。

当晚，大约10点半或11点，阿特金斯从凑热闹来的一个朋友那里借了一把半自动手枪，枪体为黑色，手柄为棕色。他学着电影里的样子，把手枪插在了硕大的皮带扣后边。之后不久，他和琼斯一道出了门，再次前往 7-Eleven 便利店弄些啤酒。他们的住处是一座两层的难看的红砖楼。他们醉眼惺忪地穿过一座小公园、一所小学，这才来到大街另一头的商业区。

弗吉尼亚州的汉普顿市紧邻大城市纽波特纽斯市。每到夜晚，这里会相当恐怖。7-Eleven 便利店有一块"抢劫违法"的警示牌，尽管如此，总会有心怀叵测的城市青年围着商店转悠。长期住在汉普顿市的 7-Eleven 便利店经理卡罗尔·欧文斯（Carol Owens）说："我们有一大批客户，我们服务区有好多军人……可是，太阳一落山，一切都变了。"每到晚上，"老年人都不会单独出门，他们至少要有个伴儿"才会来店里。

阿特金斯没有把手枪暴露在外。因此，在半夜时分，他和哥们儿琼斯并没有显出与周围的环境格格不入。"我带了一块五毛钱，"这是琼斯的原话，"我本来打算买一听啤酒。阿特金斯说让我等他一会

---

① 32盎司相当于1升；40盎司相当于1.25升。——译者注

儿，他说他要去讨点儿钱，去弄点儿钱零花。"

买完一大听啤酒后，琼斯闲逛到两个店面开外的"肥皂和泡沫自助洗衣店"门口站了下来，他要旁观阿特金斯讨钱。后者站在 7-Eleven 便利店门口，运气还不错，几个路人真的给了钱。然而，阿特金斯想要的可不止这些。机会随之而来。一辆 1995 年的紫色尼桑工具车开了过来，开车的是个红头发的高个子，一位 21 岁的军人，名叫埃里克·内斯比特（Eric Nesbitt）。

到达 7-Eleven 便利店门口时，内斯比特已经出门在外一整天了。他是兰立空军基地（Langley Air Force Base）的机械师。当天一早，他 7 点钟就上了班。他常年如此。下班后，他出席了飞行中队的野餐烧烤会。他打算买房，因此还看了房。他还去兼职的汽车配件店上了班。军队工资低，他做兼职是为了补贴家用。他家在基地，回家的路上，他在自动取款机上取了 60 块钱。他把车子停在 7-Eleven 便利店门口时，刚好临近午夜。

与阿特金斯的供述不同的是，琼斯的说法比较完整，也比较可信。按照琼斯的说法，内斯比特还没来得及下车，阿特金斯就走了过去，随后两人便搭上了话。琼斯走过去时，才知道发生了什么事，原来阿特金斯正拿枪顶着内斯比特。

琼斯走过去时，听见阿特金斯说："往这边挪挪，让我朋友开。"内斯比特乖乖地让开了座。琼斯坐到了驾驶座上，阿特金斯举着枪，坐在副驾座上，他们把内斯比特夹在了中间。他们这是在抢劫内斯比特。不过，对于两个被毒品和酒精弄得昏昏沉沉的犯罪分子来说，他们当时并不清楚要抢什么，也不清楚怎样抢。琼斯把车开到 7-Eleven 便利店后边停了下来，阿特金斯问内斯比特有没有钱。后者把钱从口袋里掏出来，递了过去，不过这点儿钱无法满足阿特金斯。后来内斯比特掏出一张自动取款机的卡，说可以再取些钱给他们。从此往后，他们便有了计划。琼斯再次把车开上了主干道，阿特金斯仍然用枪顶着内斯比特。在法庭上，琼斯回忆内斯比特当时说"把钱都拿去吧，只要不伤害他，他不在乎钱"。

内斯比特在汽车配件店做兼职。琼斯沿着内斯比特走过的路，把车开了回去。一路上，他们看见几座浸礼派教堂，一所基督教会私立小学，一块墓地。他们把车停在了汽车自动取款机旁边，内斯比特一声不吭地取了200块钱。本来，两个坏蛋一时心血来潮的计划也就到此为止了。他们回到居住地的公寓楼附近，把车停在了楼群旁边。这时，他们才开始琢磨下一步该做什么。让他们担心的是，内斯比特事后会指认他们。琼斯想到的主意是，找个没人的地方，把他捆在树上算了。

"好，好。"这是琼斯回忆内斯比特的原话，"只要别伤害我，就把我捆起来吧。"

唯一的问题是，需要找到一棵前不着村后不着店的树，才能把内斯比特捆起来。

琼斯说："在汉普顿市根本就没有这样的地方。"他居住的城市人口稠密，坐落在一个半岛的顶端，城外是切萨皮克海湾和詹姆斯河。出城往北，穿过纽波特纽斯市继续往更偏远的弗吉尼亚州约克县走，可能才会有杳无人迹的地方。阿特金斯认为，他知道去哪里找这样的地方。他有个爷爷在经营农场，住在林草繁茂的地方。几年前，他去看过爷爷。阿特金斯认识路，他还记得，爷爷的房子附近有一条路，极少有人光顾。

当天夜里，三个人开着车，第二次往内斯比特做兼职的地方和取钱的地方驶去。不过，这次他们拐上了64号州际公路，朝正北方向开去。在大约半个小时的行程中，宽阔的高速公路两旁要么是商业区，要么就是隔音隔尘的防护板。一路上，他们有充足的时间闲聊，琼斯问了内斯比特一些问题,诸如他在哪里工作,他的罗曼史等等。这时琼斯才知道,内斯比特有个女朋友。阿特金斯坐在副驾座上,一直没开口,闷着头拆卸仪表盘上的收音机,然而他始终也没把它卸下来。

没过多久,高速公路边上出现了一些树木。琼斯把车开下高速公路,往东驶去。阿特金斯为他指路,把车子开到了某个地方。单车道的克拉夫特公路铺装了鹅卵石路面,一条狭窄的土路和它相交。雨刚停没多久,空气里到处是水雾,非常闷热,气温整夜也没降到 21 摄氏度以下。整个 8 月期间,东海岸经常闷热得让人倍感慵懒和四肢无力。

琼斯刚把车停好,阿特金斯就下了车,然后命令内斯比特跟着下车。阿特金斯选中的地点不错,周围有高耸的大树环绕,伸手不见五指,连接汉普顿市和纽波特纽斯市的路灯隐没在远方。唯一的光源来自汽车驾驶室,亮光从洞开的车门倾泻出来。离这处地方最近的房子坐落在大约一公里开外,那是一个叫做纽波特纽斯花园的村落,有五座房子。内斯比特下车后,在没有铺路面的土路上走了两步,此时阿特金斯手里的半自动手枪在他身边响了起来。阿特金斯对着内斯比特开了火,一口气把 18 颗子弹打进对方的身体,一些子弹首先穿过对方某侧的胳膊,然后穿过其胸腹部,另一些子弹首先穿过对方的胸腹部,然后穿过其某侧的胳膊。除了两枪打偏,所有 0.38 口径的全金属子弹头都穿透了对方的身体。

两个谋杀犯将身子蜷曲成"极痛苦状"的内斯比特丢弃在距停车点两三米开外的地面上。几分钟内,他就会死去。谋杀发生数小时后,会有一辆早班轻轨列车从附近经过,车上的乘客会看见内斯比特的尸体,然后向警察报告情况。过后不久,通过自动取款机上的录像带,警察会看见内斯比特在持枪人的胁迫下取钱的影像。袭击者的种族显而易见。警方把从录像里截取的图像散发给了媒体。没过几天，就有人打电话报告警方，说认出了威廉·琼斯和他的朋友达里尔·阿特金斯。找到威廉·琼斯颇费了几天工夫，他分别在当地数家汽车旅馆躲藏过。找到达里尔·阿特金斯没费吹灰之力：他犯罪后径直回了家。

1998年2月，阿特金斯第一次出庭受审。法庭指定司法系统的心理医生埃文·纳尔逊博士为阿特金斯作精神分析。纳尔逊研究了阿特金斯的在校成绩，以及他此前因其他案子出庭受审的记录，他还找阿特金斯的家人以及看管阿特金斯的监狱管理人员作了调查。纳尔逊还用韦克斯勒成人智力测评—Ⅲ（Wechsler Adult Intelligence Scale Ⅲ）为阿特金斯作了智商测试。该测试也称韦氏成人智力测评—Ⅲ，全过程为一个半小时。不过，由于阿特金斯表现极差，许多问题答不上来，他所用的时间不足一小时。

正如纳尔逊在庭审过程中所说，韦氏成人智力测评—Ⅲ是"全美通用的标准成人智商测试方法"。另外还有为两岁半以上的孩子设计的各种韦氏智力测评方法，其应用范围遍及全球。哈考特心理测评公司（Harcourt Assessment）是这些试卷的出版商，该公司从不公布出售试卷赚了多少钱。不过该公司说过，他们在全球30个国家获得了授权。从各方面的情况分析，该公司仅凭出售试卷一项，岁入可达数百万美元。

韦氏测评不仅用于犯罪调查，还可应用到其他各种场合。如今，韦氏测评应用最广泛的领域是测定学生们的学习能力。招生时，许多私立学校也特别依赖此类测试。神经心理学家们利用此类测试评估头部损伤后的脑功能，诊断老年痴呆症（Alzheimer）①。社会福利系统

---

① 学名为阿尔茨海默症。——译者注

常常要借助韦氏成人智力测评——Ⅲ或其他智商测试的成绩评估人们的精神健康状况。为企业服务的心理学家往往会根据智商测试向企业建言合适的招募对象和升职对象。智商测试无处不在。自20世纪中期以来，在单一的智力测试中——另一说为一对一的智力测试中，韦氏测评一直是最流行的测试方法。许多心理学家将其喻为"黄金标准"，用以衡量其他各种类型的智力测试。

在达里尔·阿特金斯案中，纳尔逊利用韦氏成人智力测评——Ⅲ得出的结论是，阿特金斯的智商指数为59。通常的记分范围起点为45，高点为155，平均值为100。纳尔逊在庭审的过程中说："这意味着，他处于脑子发育轻度不健全的范围。"他还进一步解释说，脑子发育不健全的人"推理比常人困难……总而言之，脑子发育不健全的人当不了领导"。

不过，陪审团最终没有相信阿特金斯脑子发育不健全一说，要么就是陪审团坚持认为，判处他死刑是罪有应得。陪审团从庭审过程得出的印象是，阿特金斯看起来没那么傻，傻到成为琼斯的跟屁虫。实际情况恰好相反，阿特金斯具有的智力足够他设想一个计划，继之把它贯彻到底。当然，他的计划并不高明。虽然阿特金斯的智商指数仅为59，他却能作出借一支枪的决定，并且在7-Eleven便利店门口劫持内斯比特，然后选中一处偏远的地方，最终把内斯比特置于死地。陪审团认为，他犯的是重罪，是必须受到死刑处罚的犯法者。

阿特金斯上诉到弗吉尼亚州最高法院，其上诉理由为，陪审团受到先入为主的判决误导。他成功地赢得了本案发回重审的裁决。1999年，本案在约克镇法院重新审理期间，埃文·纳尔逊博士再次为阿特金斯作了测试，并且重申，被告脑子轻度发育不全。不过，这次原告方推出了自己的心理学家（不足为奇的是，这样的心理学家理所当然会认定被告智力尚可）斯坦顿·塞米诺（Stanton Samenow）博士。

他测定阿特金斯的智力时，仅仅部分采用了韦氏成人智力测评—Ⅲ和韦氏记忆测试的内容（他这样做遭到了某些心理学家的诟病），外加一部分其他测试方法。塞米诺认为，用被告方的话说，在上述测试的基础上，根据"阿特金斯的词汇量和句法"，根据他对时事的了解，他"至少拥有常人的智力"。

"7月23号那天我问他：'上星期谁死了？'他回答说：'肯尼迪。'我又问他：'怎么死的？'他的回答是：'他的飞机摔了。'我接着又问：'那么，死的还有其他人吗？'他的回答是：'我记得还有他太太和一个朋友。'后来我问他，那架飞机是往哪儿飞的，他不知道这方面的信息……我接着又问：'那么，谁是肯尼迪先生的父亲？'他回答说：'J·F·肯尼迪。'我又问了一句：'他是干吗的？'他答道：'前总统啊。'我又追问了一句：'哪个时期的？'他回答说：'1961年。'"

第二次世界大战时期，德国的医生们总会问"俾斯麦是谁"，以及"圣诞节的意义是什么"。上述提问和这样的提问没多大区别。我们暂且把专业问题放下不说，评判某人聪明与否，心理学家们得出的印象往往和外行相差无几——例如此人对世界的了解程度如何，此人的语言表达能力如何，等等。塞米诺得出的结论是，除了纳尔逊博士测定阿特金斯的智商指数为59，没有其他迹象表明阿特金斯脑子发育不健全。第二批陪审团成员仍然判定阿特金斯死刑。

律师们再次向弗吉尼亚州最高法院提出上诉。这次的上诉理由是，不应判处阿特金斯死刑，因为他脑子发育不健全。弗吉尼亚州最高法院驳回了上诉，其理由为："不希望仅仅由于阿特金斯的智商指数将他的死刑改判为终身监禁。"这与当年美国联邦最高法院的条律相一致，该条律为：各州可根据联邦宪法对脑子发育不健全的罪犯判处死刑。

时间到了 2000 年，阿特金斯的律师们认为，他们可以说服美国联邦最高法院推翻从前的判决，并就上述驳回向联邦最高法院提出上诉。最高法院最终以 6∶3 裁定，禁止对脑子发育不健全者判处死刑（并且将阿特金斯一案发回约克县，重组陪审团，以裁决他是否真的脑子发育不全）。如何判定脑子发育不健全，联邦最高法院将权力下放给了各州。不出所料，自从阿特金斯诉弗吉尼亚州案以来，大凡在这方面采取立法步骤的州都相继推出了自相矛盾的法律。

就联邦最高法院对阿特金斯案作出的裁定，弗吉尼亚州立法机构的反应是通过了一项立法，要求同类被告必须证明他们的智商指数低于 70——并非在案发现场，而是在开庭时期，并且在 18 岁之前一直就有或者曾经有过智力方面的障碍。2005 年 1 月，也就是阿特金斯案第一次开庭七年之后，埃文·纳尔逊博士对阿特金斯重新进行了测试。当时他真的希望阿特金斯的得分在 70 以下。此前，在约克镇法院 1999 年第二次开庭听证期间，纳尔逊曾经对陪审团说过，阿特金斯或许有能力得到比最初那 59 分稍高的成绩，不过也高不到哪里去。

"我第一次见到他时，"纳尔逊说，"他的情绪有点儿低落。所以，假设他当时的状况稍微好一点儿，提高两到三分是完全有可能的。不过，没有任何迹象表明，他当时的状况特别糟，我是说，让他有可能多得 21 分，进入 80 分的序列。那样的话，分数差距也太大了。"

实际上，在 2005 年的测试中，阿特金斯的得分为 64，仍然在纳尔逊预测的范围之内，也在法定的死刑量刑线之下。然而，仅仅两天之后，被告方的专家及证人斯坦顿·塞米诺博士也出现在监狱里，为的是测试阿特金斯。测试结果令被告方乱了阵脚，阿特金斯的得分为 76，远远超过了死刑量刑线。

阿特金斯的分数怎么会提高17个点？难道他脑子发育不健全已经成为过去？可能性之一是，在过去七年里，他通过诉讼学到了许多知识，而基于测验的分数往往受其影响。在有意无意间，阿特金斯对韦氏成人智力测评—Ⅲ中的文字已然熟悉，对相关词汇也更加了解。他在法庭上接受的教育，比他在学校期间受到的所有教育更好。例如，一位精神病医生1999年曾经问他"做伪证"是什么意思，阿特金斯的回答是"撒谎"。

上述精神病医生在法庭作证时说："他告诉我'发誓'意味着承诺陈述实情，因此人们出庭作证时，会'据实陈述事情经过——就他们所知进行陈述'。"

研究人员估计，将领取社会救济的家庭和白领家庭进行对比，前一类家庭的孩子从家长那里接触法律用语的机会仅为五分之一。鉴于阿特金斯家的贫困状况，诸如"重组陪审团"、"替换陪审员"、"陪审团名单"之类的语汇不大可能挂在他家人的嘴上。不过，自从1996年他被捕以来，他在美国的司法系统内却接触到了这些语汇，以及更多的同类语汇。

阿特金斯在被告席上学到的远不止法律用语。1999年见过他的精神病医生还发现，他居然渐渐熟悉了司法系统的运作；例如，他知道自己可以在法庭上为自己辩护，不过他认为，最好还是聘请律师。他还知道，陪审团如何判决，应当由法官进行指导。

阿特金斯2005年在分数上取得了长足的进步，另一个极可能的潜在原因是，对他的两次测试时间靠得太近——被告方测试阿特金斯仅仅两天后，原告方就进行了第二次测试。老话说"熟能生巧"，就阿特金斯一案来说，至少他得到了76分。心理学家们往往将测试题藏着掖着秘不示人，个中的原因是，确保应试者没见过测试题：如若不然，人们即可见到如军备竞赛那样备考美国大学入学考试的场面。通过大量参加同类考试提高分数，心理学家们将其恰当地称为"实战效应"。原告方极有可能熟知实战效应，因此被告方测试阿特金斯之后，他们立即派出了塞米诺博士，这一着棋可谓老谋深算。2005年2月，原告方甚至向法官正式提出申请，提议不要告诉陪审团实战效应一事。

第三次陪审团组成期间，其中心任务是判定阿特金斯是否脑子发育不健全。在七天的时间里，陪审团听取了有关智商测试分数方面的陈述，以及关于阿特金斯日常生活能力的陈述，然后认认真真地讨论了差不多13个小时，最终认定阿特金斯并非脑子发育不健全。尽管阿特金斯的智商测试分数忽高忽低，第三个陪审团作出的裁定依然不利于阿特金斯。然而，2006年6月，弗吉尼亚州最高法院再次作出决定，必须再次开庭，以裁定达里尔·阿特金斯是否脑子发育不健全。阿特金斯的智商测试分数，以及监管测试和评定成绩的心理学家们第四次成为社会大众关注的焦点。

美国联邦最高法院裁定阿特金斯诉弗吉尼亚州案之前，原告的律师们往往会利用被告的低智商，在法庭辩论中强调犯谋杀重罪的被告无可救药——呆傻会使其危险性每时每刻都存在，必须处以极刑。现如今，在最高法院裁定阿特金斯诉弗吉尼亚州案之后，原告的律师们原地掉了个头：他们往往强调被告的智商分数已经高到足以对其判处死刑。被告方对智商分数的认识也像墙头草一样左右摇摆，如今被告的律师们希望己方客户的智商分数低下。其结果是专家学者之间的血拼，以及对智商分数研判的争议。

在诸如美国这样采用习惯法系的国家，真相（至少在裁定涉法问题时）需要通过互为对手的双方在激辩中披露。所以，在现实中，原被告双方的律师往往如上所述，就智商测试的结果争论不休。这并不足以否定现行的司法体系。另外，联邦最高法院裁定阿特金斯案的基本法理当然也有瑕疵，脑子发育不健全的人对世界的认识肯定有失偏颇，问题出在测试本身，在一个充满智商测试的司法体系内，这样的测试注定会导致越来越多令人无法容忍的恣意妄为。

无论韦氏成人智力测评—Ⅲ测定的分值是高还是低，法官和陪审团不应当将其作为判断脑子发育不健全的可靠依据。对成人而言，智商测试的成绩（包括韦氏成人智力测评—Ⅲ在内）只有在变化不大的情况下才可靠。得分为 115 的人，每次测试的得分均应在此分数上下，除非出现以下情况：经常参加测试，获得了更好的教育，养成了大量读书的习惯；或者情况正相反：养成了饮酒的习惯，脑部受了伤。上述这些情况极为罕见，除非成为犯了谋杀重罪的被告出庭受审。这样的被告会置身于非同寻常的环境里，那里的人们无论教育背景和文化背景多么不同，面临的境遇却相同：相同的思想、相同的语言和不断的测试。

更为令人不安的是，无论心理学家说得多么天花乱坠，智商测试（包括应用在司法领域之外的更为广阔的领域）根本测定不了人们的智力。那么问题也随之而来，既然它们测定不了智力，它们能测出什么呢？

第十二章

智商测试能测出什么？

大多数心理学家坚信，他们能够测定智力，而且，他们测定的东西非常重要。一位处于学术前沿的心理学家在电子邮件中写道："人和人之间的差异体现的是巨大的社会和政治内涵。智力是人们最为重要的差异之一，而智商测试可以揭示这些差异。"如何给智力下定义，长期以来，心理学家们争论不休。争议最大的是，智力究竟为何物。自从查尔斯·斯皮尔曼命名常规智力以来，大多数定义都可以九九归一为一个词语："思维能力"。

达里尔·阿特金斯案第一次开庭时，埃文·纳尔逊博士把智力定义为"某种用于思维、推理、理解的能力。在理想的社会环境里，智力和受教育的程度毫无关系。它主要指的是思维能力，某种程度上指的是知识。不过，人们常常梳理不清这两者之间的关系"。纳尔逊认为，阿特金斯的智商成绩为59分，恰恰忠实地反映了他"当前的智力水平"。

那么，阿特金斯的智商指数为59，这究竟意味着什么呢？研究一下智力测试的基本结构，有助于解开这一疑团。纳尔逊博士用来测定阿特金斯的韦氏成人智力测评—Ⅲ之类的智商测试，通常由"口头"提问和"非口头"提问组成。因为，上个世纪初，美国的心理医生们的测试对象包括识字的、不识字的以及不会说英语的人群（口头提问方式甚至包括数学问题）。这种口头和非口头试题结构并非基于智力理论，亦非基于某种精细的人脑功能模块，而是历史原因使然。第一次世界大战期间，在埃利斯岛工作的医生们，以及在美国军队里工作的心理学家们，他们面对的是许多读不懂英文的人，因此他们需要采用非口头的"动手"作答的提问方式——比如利用拼图块拼出一艘舰艇的图案——测定智力。这种解题方式后来为军队的 B 试卷所采用，最终被韦氏成人智力测评和其他韦氏测评方法所采用。韦氏成人智力测评中的口头答题方式主要取自军队的 A 试卷。这种为识字的人设计的测试方法来自更早的实践活动，例如刘易斯·特曼引进的埃尔弗雷德·宾尼特的方法。

因此，今天的心理学家们利用韦氏成人智力测评测定智力时，他们实际上是在废旧的钢轨上跑今天的火车。这类测试并非基于什么理论，而是基于前人的实践。第一次世界大战前，埃尔弗雷德·宾尼特的试卷中有这样的问题："如果某人得罪了你，向你道歉，你应当做什么？"军队的 A 试卷测试的不过是常识问题，实例如下：

水结冰会胀破水管，其原因为：
□ 寒冷使水管变脆
□ 水结冰后会膨胀
□ 结冰使水流中断

阿特金斯案第一次开庭时，纳尔逊在出庭过程中列举的韦氏成人智力测评中测定常识的一个问题，与上述题型有异曲同工之处。他说的例题是："如果你家的水管破裂，你该做什么？"

这一类取自试卷"阅读理解部分"的题，明显而鲜明地指向人们所学的知识和所受的教育，以及范围更广的，应试者的所有生活阅历。如果应试者是个未受过教育的来自密西西比三角洲的农场打工者,此人就不太可能知道英国剧作家莎士比亚是《哈姆雷特》的作者。这是纳尔逊在出庭过程中列举的另一个例子。如果应试者具备哈佛大学文学博士的头衔,情况会大为不同。

自1939年诞生以来,韦氏成人智力测评—Ⅲ里的题型几乎没有什么变化,不仅阅读理解部分如是,其他部分也如是。现如今,在韦氏成人智力测评—Ⅲ的14类题型里,仅有两类题型源自20世纪60年代以来的设计,另有一类源自20世纪30年代的设计,剩下的11类源自第一次世界大战前。比如,早在19世纪80年代,弗朗西斯·高尔顿就采用了背诵数字串,即鹦鹉学舌般背诵一串数字(正着背诵和倒着背诵)。如今它仍然是韦氏成人智力测评试卷里的题型之一。

说实在的,大多数口头问答的题型源自埃尔弗雷德·宾尼特的测试套题。智力究竟是什么,宾尼特对此没发表什么言论。他的看法是,通过测试不同年龄段的孩子的语言能力和推理能力,可以将他们区分开来。20世纪30年代的人物大卫·韦克斯勒(David Wechsler,各种韦氏成人智力测评的发明人)除了开发测试题,也没提出过什么理论,或极少提及理论。而且,直到世纪末,他开发的题型几乎还是当初的老样子。简而言之,如今的智力测试没有理论依据,人们不过是利用已经掌握的能力对人群草率地加以群分而已。

宾尼特的高明之处在于,他提出,智力测试者应当测定人们更高层次的推理能力,例如抽象思维。因此,他为法国的在校学生设计的题型包括找出"苍蝇和蚂蚁"、"深红色和血红色"、"报纸、标签、图画"的相同之处。这种找相同点的题型如今仍然存在于测试美国成年人的韦氏成人智力测评—Ⅲ中。

心理学家们为韦氏成人智力测评—Ⅲ制定的《考试指南》里有这样一句话:"抽象能力分值应当计入总成绩。"如今这一《指南》已被广为采用。"回答可以是抽象的(例如:桌子和椅子均为'家具')、具体的（例如：裤子和领带均为'棉织品'）或功能性的（例如：地图和指南针'可用于确定方向'）。"与此相同的是，对阅读理解部分里的问题作具体解释，远不如对诸如"这山望着那山高"等熟语作抽象解释得分高。

韦氏成人智力测评—Ⅲ里有七个部分为口头问答题，其中六个部分源自刘易斯·特曼早在1916年发表的斯坦福—宾尼特智力测试题，以及（或者）第一次世界大战期间军队采用的A试卷。与此相同的是，试卷中有七个部分为非口头问答题，其中四个部分源自军队的试卷。"看图答题部分"——例如，指出兔子少了一只耳朵，网球和球网相匹配——在第一次世界大战期间以及大战之前即已存在，出现于同一时期的还有"图形组合部分"和"数字符号编码部分"。在埃利斯岛上工作的医生们发明的积木（移民们用其拼出完整的图案）至今仍然是各种韦氏测评的主要题型。医生们认为每个人都应该会做的拼图——例如船或人脸的侧影，也诞生于那一时期。

自从埃尔弗雷德·宾尼特于1905年发表第一套测试题以来，已经过去了上百年。智商测试技术（智商究竟是什么，人类并没有充分认识，也没有达成一致）源自实用的必然和历史的必然，自出现至今几乎没发生过什么变化。变化确实有，不过往往只是形式上的改变。例如，为应付大规模的测试，采用了单项选择的形式；为适应美国和其他地方的文化背景，题型都进行了入乡随俗式的改造。在韦氏测评和其他智商测试中业已存在数十年的口头问答题和"动手"作答的提问方式，并非出自智力理论或认知理论，而是出自特殊的历史需求，出自对考试成绩和卷面成绩，以及预测未来的某种力量对比关系的统计。心理学抗拒改变，致使智商测试长期以来一直沿袭着固有的结构。

第一次世界大战期间，大卫·韦克斯勒不过是年轻的军队监考人员中的一员。那时候，他刚刚完成美国哥伦比亚大学的硕士研究生学业。战前以及战后，包括在军队服役期间，身为学生的韦克斯勒，有机会和当时差不多所有名声斐然的心理学家共同从事研究和工作。在此过程中，韦克斯勒接触到了心理学对智力的全方位思考。在哥伦比亚大学期间，韦克斯勒师从詹姆斯·麦基恩·卡特尔，我们在第二章里介绍过此人，他的人体检查数据和智力测试分数无论纵向还是横向都没有比对性。韦克斯勒和心理学家艾德华·桑代克（Edward Thorndike）也一起共过事，后者坚信，智力由独立的、特殊的能力构成，也即是说，其构成并非单一。韦克斯勒在英国学习了数个月，其间师从查尔斯·斯皮尔曼，后者因命名了常规智力而享誉天下。韦克斯勒在法国期间，和其他许多心理学家共过事。

　　智力究竟为何物？面对如此众多并且相互矛盾的观点，韦克斯勒表现得极为现实。他总结道：那些高水平的心理学家们"全都没错"。这完全称不上是纯粹基于理论的观点。不过，持这样的态度，使他在创作测试题时显得特别灵活和特别开放。20世纪30年代，韦克斯勒将人们在第一次世界大战期间应用烂熟的测试方法和当年心理学家们所熟知的其他测试方法一勺烩，使之成为一种可行的、多用途的考试方法。心理学家们对他的方法爱不释手，导致刘易斯·特曼的斯坦福—宾尼特智力测试套题相形见绌。

　　对于大卫·韦克斯勒试题的出处，那些拥有执照的心理学家在使用试题的过程中也有过担心。乔治梅森大学的杰克·纳格利埃里（Jack Naglieri）是一位学院派心理学家，他常常在全美各地作报告。在作报告的过程中，他常常向听众演示美国军方在第一次世界大战时期的试题。看见这些试题，"人们会问，怎么看起来像韦氏测评试题啊？这时候我会解释说，当然啦，确实如此，因为韦克斯勒的试题都是剽窃的……韦克斯勒所做的不过是把'一战'时期的规模化测试改成了一对一的测试。他所做的不过如此……他的实际贡献是，他提供了一种心理医生们能够在诊所里使用的测试方法"。

韦克斯勒的第一套测试题发表于1939年，其名称为韦克斯勒—贝尔维智力测评（Wechsler-Bellevue Intelligence Scale）。与之前的测试相比，它最大的不同在于，心理学家们要求应试者做的题型既包括口头问答，也包括非口头问答。对于当年的许多心理学家而言，将这两类问答题放在一起毫无意义。对于能阅读英文以及能说英语的人们来说，让他们做动手题，回答非口头问题——例如摆弄木头块，拼图案——还有什么意义呢？与从前的老前辈埃尔弗雷德·宾尼特和查尔斯·斯皮尔曼如出一辙，韦克斯勒也认为，心理学家们应当测定各种各样的智能。同时他还认为，动手题能够让检测者深入窥探他人可以测出来的智力，尤其能够深入窥探人们的个性。韦克斯勒清楚，试卷的各个部分之间相互关联得非常好，也即是说，能够做好词汇部分和算术部分的人，同样能够做好动手题。这仅仅是个例子。所以，从某种程度上说，这些活动在智力上是互通的。

总体上说，每当人们问韦克斯勒，他的试题究竟能测出什么，他一向出言谨慎。他说过，通过做他的试卷，可以得到一个分数，例如达里尔·阿特金斯的得分为59。他认为，测试的得分可以量化人们从事智力工作的能力。他还认为，智商测试无法直接测定人们的智力。无论他的试卷能测出什么，他曾经白纸黑字地表述过："测出的肯定不是某种单一因素能够表示清楚的东西，无论如何也不能用人们常说的词汇进行定义，例如智能、演绎能力、智慧因素等等，更不用说常规智力指数了。智力可能是这个东西，也可能是其他东西。"

对从事智力工作的人来说，能力很重要，不过韦克斯勒认为，这并不是"唯一重要的或首当其冲的因素"。他把有关智力的"其他东西"诸如热情、执著、规划能力等称做"非智力因素"。韦克斯勒甚至还试图测定这些非智力因素,而且还发明了测试方法,不过始终不成功。所以,如今他留给人类的,不过是据称能测定常规智力的测试方法而已。尽管没有理论基础,尽管韦克斯勒因其测评方法过分狭隘如鲠在喉,人类依然沿用着韦氏测评,似乎它能够解析人们的大部分或全部认知能力。例如,利用韦氏测评作私立学校入学测评的心理学家们往往会说,学校特别看重韦氏儿童智力测评和韦氏幼儿智力测评(测试小小孩的方法),将其看做测定孩子未来学习能力的方法。学校完全不会考虑孩子的非智力因素。

各种各样的早期韦氏测评题无非是拼凑而成的,差不多就像捆扎木筏那样拼凑而成。人们的思维究竟可以调动到什么程度,通过韦氏测评能否真实地揭示出来?常见的情况是,一些思维足够敏捷然而未受过教育的人,在口头问答环节得分相当低。不过,这样的结果并不能套用到非口头动手类题型里。例如,做非口头韦氏成人智力矩阵推理测评(WAIS Matrix Reasoning)时,在看完一系列图片后,应试者必须按要求回答提问。做最初级的题型时——难度会随着做题的进程逐级增加——心理学家会向应试者出示一系列图片,第一幅画着没有色彩的盒子,尔后是填了色彩的盒子,再往后是一支没填色彩的箭。应试者应当由此推导出,最后一步是一支填了色彩的箭。

"这些题非常重要,因为它们和学校里教的知识毫无关系。"在阿特金斯案庭审期间,纳尔逊博士如是说。"应试者是否上过学,完全无关紧要。所有接受过传统教育的人,没人做过这样的东西。"

心理学家们始终保留着一些秘不示人的玄机,这是其一。不过,正规教育和个人阅历对所有智商测试和题型都有影响。例如生日这种看起来根本不靠谱的东西,也可以决定 9 岁的孩子应该上三年级还是四年级。一般来说,四年级的 9 岁孩子比三年级的 9 岁孩子智商高,这一点在非口头测试中的抽象推理题型上反映得相当准确,韦氏成人智力矩阵推理测评题即如是。

和人们的直觉正相反，最终的结果证明，比起直接针对知识（例如词汇和算术）的测试，非口头测试更容易受人们生活环境的影响。20 世纪 80 年代，一位名叫詹姆斯·弗林（James Flynn）的新西兰政治科学家发现，在发达国家的圈子里，智商测试的分数一直在逐年上升，前一代人和后一代人之间的分数差距非常大。弗林向各国的学术界人士散发了一份调查表，要求他们尽最大可能由远及近追溯人们的智商测试分数，然后反馈给他。最初，他仅能从 14 个国家得到反馈信息。从 20 世纪 40 年代到 50 年代，这些国家常常用相同的方法为军队里的人作测试。到 20 世纪 90 年代，弗林已经搜集了 20 个国家的信息。尽管各国的考试时间长短不一，应试者做的试卷却完全相同，因此弗林可以轻而易举地比较两三代人之间的分数差异。

弗林最感兴趣的智力测验是瑞文渐进测评（Ravens Progressive Matrices）。韦氏成人智力矩阵推理测评题即源自该测评。从 20 世纪 30 年代问世以来，瑞文测评中的 60 道题在很长一个时期一直没什么变化，因此该测评成了对比各个时代智商分数的理想工具。用弗林的话来说，瑞文测评的内容没什么"文化内涵"，避开了人们在学校、工作场合，以及其他有文化氛围的地方见的文字和标记。心理学家们认为，矩阵测评测定的是"流动的"智力——现场推断问题的智力和解决问题的智力，其对立面为后天获得的知识，即"固化的"智力。固化的智力例如用词汇测验即可检测出来。许多心理学家同时还认为，利用瑞文测评测定常规智力指数是最靠得住的方法。所以，弗林的研究成果公开发表之前，许多专家认为，瑞文测评的分数在好几代人之内会维持稳定。和前一代人相比，后一代人不可能在很短的时间变得天生聪颖，对吧？

他们大错特错了。从世界范围来说，瑞文测评的分值每年都在提高。仅举一个实例为证:1945 年以来,荷兰军方每年都用相同的简易版瑞文测评(从 60 道题里选取 40 道题)测验年满 18 岁的入伍新兵。随着时间的延续,能够在选出的 40 道题里答对 24 道以上的人或多或少在逐年增加。1952 年,仅有 31% 的人达标;1962 年,比率已经提高到 46%;1972 年,63% 的人能够答对 24 道题以上;1981 年到 1982 年间,82% 的人能够达标。这表明,在过去 30 年间,智商测试的分值平均增长了 20 个点。虽然弗林从各国搜集来的数据不尽相同,上述发现确实是有力的证明。

可想而知,弗林的研究成果在心理学界引起了巨大的恐慌和激烈的辩论。自从智商测试横空出世以来,心理学家们一向坚信,他们可以通过智商测试解析应试者理解周围事物的能力。加利福尼亚州立大学的著名心理学家阿瑟·詹森(Arthur Jensen)曾经说过,智商测试得分为 75 的人能够沉浸于棒球赛的氛围里,却无法正确理解比赛规则和棒联运作细则,甚至也不清楚每支球队有几个球员。智商测试的成绩和人们的智力究竟是什么关系,弗林的发现使人们更难以推论了。

弗林曾经提到:"有一位从教 30 年的荷兰女性,她的智商测试分数为 110,不妨以她为例进行说明。1952 年,她的聪明超过高年级 75% 的学生;1967 年时,她和学生的水平旗鼓相当;到 1982 年,75% 的学生比她更聪明了。是否其他荷兰老师的从教经历和这位女士一样呢?"

和如今的成年人的智商分数相比,出生于 1877 年的人究竟表现如何,涉及瑞文测评的另外两项研究成果有助于科研人员进行这样的对比。1942 年,参加瑞文测评的英国成年人,年龄跨度从 25 岁到 65 岁。1992 年,科研人员请来一组年龄完全对应的人作了完全相同的测试。近年出生的几代人得分明显高于早年出生的几代人。和维多利亚时代 25 岁的人相比，1992 年，处于相同年龄的人显然聪明了许多。弗林推测，按照如今的标准，19 世纪末期，不列颠至少有 70% 的人智商低于 75 分。如果智商测试确确实实能测定智力，那么，19 世纪的人有能力做出正常人做的事吗？

"板球运动是 19 世纪末期不列颠人的主要兴趣之所在，推测当年有 70% 的人不懂比赛规则，这道理说得通吗？"弗林曾经这样质疑过。"军事信息的准确性毋庸置疑，在道理上却同样无法自圆其说。足球是全体荷兰人最喜爱的运动，难道我们可以推断，1952 年有 40% 的荷兰人缺少看懂足球赛的能力？"

有趣的是，从世界范围看，诸如斯坦福－宾尼特智力测试和韦氏测评等与教育有关的智商测试的分数也在看长。抛开国别差异不说，各代人之间的平均分差在 9 到 18 之间。总的来说，如果智商的分数确实在看长，考卷和题型与教育联系越紧密，分数的长幅会越小。例如，在韦氏测评试卷的算术部分和词汇部分应试者的分数似乎总是不见长（不知出于什么原因，德国在这方面是个例外；德国人学习刻苦，学会新词的速度极快）。

智商测试的分数为什么会逐渐升高，没有人知道确切的原因。是由于普惠制的教育，还是由于计算机游戏的存在，或是由于考试多了熟能生巧，甚至是由于营养的改善，抑或是多种原因的综合？学术界对此争论得不可开交。不过，有一点人们却没有异议：未见人类的遗传基因有任何突变。

"智商的大规模提升不可能是由于遗传因素。"弗林曾经这样写道。"即便在一代人之内将智商的分数提高微不足道的一个点，不同的社会阶层在生殖方面的微小差异都必须变得无穷大。"

对那些相信智商测试可以用来测定智力的心理学家们来说，无论智力是否与生俱来，每隔一代，人们的智商分数都会显著提高，这对他们是个相当沉重的打击。难道如今三十多岁的这批人比他们的父母聪明了许多？弗林曾经论述道：专利的注册数量和学术的重大突破未见显著上升；人们在迟缓地前行——效率高也罢，效率低也罢，人们的聪颖和愚钝一如既往。尽管许多心理学家发出的声音不同，不断上升的智商测试分数有力地证明，智商测试测定的是人们的学识和"抽象解决问题的能力"。

正如弗林所言："心理学家们应当三缄其口，不要再说智商测试能测定智力以及诸如此类的话。他们应当说，智商测试能够测定人们解决抽象问题的能力。这一术语精确地解释了我们的无知。我们都知道，人们作智商测试的过程就是解决问题的过程。我们会认为，这些问题离我们太遥远，和现实相比太抽象。随着时间的流逝，人们解决现实世界问题的能力会淡化，这种能力即是智力。除此而外，我们对智力知之甚少。"

在现实世界里，人们如何认识智商测试究竟能测出什么非常重要。如果达里尔·阿特金斯的词汇量极少，家里的水管爆裂后不知所措，也不知道如何做算术，我们就无法判断，他是缺乏知识呢，还是常规智力指数特别低。如果是前者，他就有足够的悟性规划一次谋杀，他也会清楚司法程序。如果是后者，凭良心说，从生物学的角度看，他已经傻到了家，因而不能对他施以死刑。

第十三章

取代智商测试的方法

仅凭直观说，常规智力指数既有意义，又无意义。事实无可否认，智商测试得分高的人，参加其他考试，多数时候也会得高分（不足为奇的是，从某种程度上说，他们在日常生活中也比得分低的人过得好）。不过，无论社会趋势多么强大，都不足以认定智力是独一无二的。聪颖超常的学生在生活的方方面面表现得愚蠢至极，这样的事例比比皆是。霍华德·马克斯（Howard Marks）是英国最负盛名的毒品走私犯，他即是活生生的例子。20世纪70年代到80年代，他坐镇老家马略尔卡岛，遥控指挥，成吨成吨地走私大麻到英国和美国。

1956年，通过11+智力测试，马克斯被准确地鉴定为最高水平的学生。尽管他没有背景，来自南威尔士工人阶级家庭，他却成了那一代人中最有才华的学生之一。他上过各种快班，成绩始终名列前茅，17岁通过大学入学考试，成为牛津大学的学生，攻读物理专业。后来他成了物理学家，或者主流社会的什么"家"。也正因为如此，一切对马克斯来说都显得特别无聊。毕业未久，他很快就操持起大规模跨境偷运大麻的行当。

英国和美国的执法机构进行了很长时间的追踪，20世纪90年代，美国禁毒署终于将马克斯捉拿归案，投入美国特雷霍特联邦监狱，关押了七年。回首往昔，说起自己的人生，马克斯谈到了智力和个性。有人问他，假如像商人做葡萄酒贸易那样，进口大麻属于合法行为，他是否还会操持这一行业？

马克斯不假思索地答道："不会。我感觉不会。我并不特别喜欢那个行业。"

正是由于与法律相抵触，为寻求刺激，马克斯投身于毒品走私行业。除了投身于毒品走私，牛津大学的物理学学位确实给他提供了更多选择。不过，他看待主流社会的态度，使他变得眼界狭窄。他理应成为"一个制造炸弹的核科学家，因为我学的是核物理专业。也许是由于伦理方面的原因，我不想当核科学家"。在马克斯看来，走私毒品是最适合他的职业。

20世纪70年代，马克斯的许多同辈人宣称，他们走私大麻是出于意识形态方面的原因——针对的是所谓"法西斯式"的政府，不过马克斯对这种靠嘴皮子博取社会同情的说法不屑一顾。

马克斯是这样说的："当时人们对禁止大麻的法律感到失望，而我认为，在不违背伦理的前提下，我可以轻而易举地超脱于法律之外。我还不至于冠冕堂皇地说，我这样做是因为'说吸食大麻行为违法有失公允'，那样说显然言不由衷。"

用马克斯的话来说，他成为走私犯是出于两个原因："第一，那是一种使人亢奋的行业；第二，人们对产品的忠诚度极高。"

除了聪颖，动机和兴趣决定了每个人的人生之路，每一位心理学家都承认这一点。值得一提的是，人们对马克斯兴趣盎然，是因为他对高明的走私犯进行了精辟的剖析。他指出，他被抓住了，而最好的走私犯总是逍遥法外。

他是这样说的："走私的人用不着深入了解商业之道，因为他们所做的不过是尽力满足一种永无止境的社会需求。"走私犯不需要学术上的聪颖。马克斯把这种聪颖称做"记忆和书写速度考试"。

马克斯说，走私犯需要的是社会智力。马克斯说，他拥有丰富的社会智力。"社会智力不过是风度翩翩和温文尔雅而已。"正因为这一点，马克斯在英国闻名遐迩。当然了，他还是个耀眼的明星学生。多年以来，他凭着风度和儒雅做生意——其范围涉及航运、海关、口岸——和摆脱法律困境。

按照马克斯的说法，实际上，他所缺乏的是街头智慧——"是学校里不教的东西"。"我没有街头智力。"说到这里，马克斯笑起来。"我从来不善于辨别自己是否被跟踪什么的。选择合伙做生意的同伴时，我常常出大错。"

被捕时，遭某些同伙出卖的总是他。多年以来，马克斯和一个倒卖军火的爱尔兰人若即若离，后者是个反社会人士，有在媒体上抛头露面的癖好。另外，马克斯说过，如果某人喜欢其乐融融的家庭生活，而选择的职业却导致他在特雷霍特联邦监狱里待上七年，怎么说也算不上最聪明的举动。

学院派心理学家痛恨对于智力的这种拼凑做作的新闻报道。他们指出，这不是科学，他们所言不假：找一个众所周知一天抽20次大麻的家伙，让他谈谈对智力的看法，根本就不能说明任何问题。然而，马克斯认为智力是个多面体，或许他说的还真没错。

世上总会有一些心理学家对常规智力指数不屑一顾。20世纪80年代，智力专家群体中产生了一些新思路，其中一些进入了公众的视野。不过，另外一些新体系一直徘徊在主流思想之外。最著名的新理论是霍华德·加德纳（Howard Gardner）的多元智能理论（multiple intelligences），该理论出自他1983年出版的著作《智力的结构：多元智能理论》（*Frames of Mind：The Theory of Multiple Intelligences*）。在随后发表的许多论著中，他对此进行了深入的论证。

加德纳的多元智能理论在最初所用的方法上就是激进的。和此前80年从事智力工作的心理学同行们不一样，加德纳的智力观点并非建立在对考试分数进行统计分析之上。取而代之,当判断某种心智能力是否为一种独特的"智力"时,他采用了基于不同学科成果的八项标准。例如,他所寻找的心智能力要求是脑损伤患者所孤示出来的,白痴专家(具有某一特长,但其余能力严重不足的人)所彰显出来的,在人类进化史和心理发展过程中是突出的,并且要求具有可供辨识的各种下一级的能力。

加德纳的方法使他能够评估多种思维能力,排除不符合标准的思维能力。当时他已经区分出了七种智能,并且在《智力的结构》一书中进行了阐释。所谓七种智能包括语言表达、逻辑数学、音乐节律、形体控制、空间感知、社会交际和自我意识。随着时间的延续,加德纳的列表又增加了一些选项,例如自然观察、精神信仰、生存能力三种智能。

不足为奇的是,许多学院派心理学家对加德纳佩服有加,不过,绝大多数人也在抵制他的成果和结论。一位不愿透露姓名的心理学家喜爱加德纳胜过喜爱弗洛伊德,他的评论是:他是当今世界上最优秀的作者之一,但是他的成果经不起严谨的科学推敲。学术界人士还挑剔地指出,加德纳从未编写过测试题。或许加德纳认为,这正是自己的实力所在。

"智力是看不见、说不清的东西。"加德纳这样写道。"换句话说,它们是潜在的东西——大致说来,是神经系统的功能,或许会被激活,或许不会。一切都要靠某种特殊的文化取向,即现行文化中存在的机缘,身边的人们和(或)家庭成员以及老师们外加其他人等对个人决策的影响。"

既然加德纳对智力抱有这样的见解,很难想象他会费神编写试卷。这也意味着,很难将加德纳的多元智能理论和较为传统的常规智力指数进行对比。毕竟有大量的研究旨在评估,对于人们各种各样的未来（譬如说合适的工作场所），智商分数如何具有预见性。雇主们招募新员工时，会有人告诉他们，应当如何利用智商测试。不过，在讲求实效的商业领域，让人理解应聘者的多元智能和多样智能有多么重要，肯定会相当有难度。

尽管加德纳的研究成果缺乏量化指标，教师和教育家们却对其趋之若鹜，这于情于理都说得通。因为，教育领域有其特殊性，教育者至少应该关注学习者的学习方法和行为方式的多样性。与常规智力指数理论大为不同，加德纳为教师们打开了一扇窗户，使其能够全面地观察学生，进而帮助他们。

从根本上说，实施某种单一的、可排序的智力考试，关乎制度方面的效率，而加德纳的多元智能与此无关。在课堂上，老师们不太在乎效率，他们更为注重如何理解自己的学生们，以便尽全力帮助他们。话又说回来，制度方面的压力往往会迫使学校的管理者们和公司的人力资源官员们特别关注效率，反而不那么关注人的整体情况。尽管单一的数字方式算不上最好的方式，却是最容易对人群进行划分的方式，况且还有社会科学的支持。而社会科学号称可根据不同的情况提供各种程度的帮助。

加德纳的一系列理论和《智力的结构》一书的作用之一是，将"智力"一词从主流心理学家们手里解救了出来，使之成为大众的观念，并从而导致丹尼尔·戈尔曼（Daniel Goleman）于1995年写成了《情商：它为什么比智商更重要》（*Emotional Intelligence: Why It Can Matter More Than IQ*）一书。该书的主要观点是，了解自己，理解他人，诸如移情和持之以恒等等特性，对人生的作用比利用智商测试测定的智力更有意义。这一趋势没掀起什么波澜，不过却得以延续，导致一系列雷同的著述相继问世，其中之一为《提高孩子的社会智商：儿童训练初阶》（*Raise Your Child's Social IQ: Stepping Stones to People Skills for Kids*)。本书理所当然遭到保守心理学派的嘲笑。

与霍华德·加德纳和丹尼尔·戈尔曼不同,在过去四分之一世纪里,某些研究人员虽然对老生常谈"各种智商测试测定的正是智力"——20世纪20年代初,一位专家如此定义了智力,因此闻名遐迩——已经不胜其烦,可他们仍然坚定不移地相信心理测试有用。不过,这些智力测试者已经远离了形成于第一次世界大战时期,尔后被人们奉为经典的口头和非口头模式。现代智力测试第一次公开发表75年之后,如今的研究人员设计考题时,全都基于各种现有的智力理论。假如需要测定什么人,像这样设计考题,至少大方向是正确的。

倡导基于理论的智力测试,其最著名的人物是耶鲁大学的心理学家罗伯特·斯滕伯格(Robert Sternberg)。斯滕伯格本人在6岁到8岁之间曾经是最差的智力考试应试者,正因为如此,让人觉得荒诞不经的是,他这辈子对考试一贯情有独钟(虽然他没有走向对立面,对测试中存在的问题加以容忍,同时他也没有全盘否定这一领域)。小斯滕伯格在新泽西州度过了20世纪50年代,在当地的一所公立小学上学。他曾经说:"在我长大的地方,至少每年或者每隔一年就会有一次大规模的智商测试。所以,当时的学习压力非常大,而我不能很好地应付那种压力。"学校对待考试成绩的做法"让我完全丧失了信心"。斯滕伯格认为,当年老师们可能会利用考试成绩区分全班学生,也可能利用考试成绩分析怎样才能教好每一位学生。

罗伯特·斯滕伯格的老师们从未披露过他的智商考试成绩,不过斯滕伯格说,用不着亲眼去看,他也知道自己考得多么糟糕。他的原话是:"考卷的某一部分如果有20道题,而你在规定的时间里仅仅做完两三道,那你肯定就没戏了。我根本做不下去,我完全懵了……我看得见卷子上的字,不过我好像完全不认识它们。"

"这有点儿像性生活中的男性角色：怕什么，就会来什么。焦虑会让事情更糟，越是担心的事，越可能发生。"

斯滕伯格是那种无法容忍别人评头论足的孩子，此外，他还缺少自信。他说："每次我在学校演戏，必须背台词时，我也会这样。"练习大提琴的时候，斯滕伯格的琴拉得特别好；每当有人观看，他总会砸锅。他说："三个考官坐在那里给你打分，心里就会扑腾。"

总的来说，学术界的绝大多数心理学家在考试中理所当然会得高分。和他们相比，孩童时期有过上述经历的斯滕伯格更有资格强调人们参加考试时的心理状态。他说过这样的话："人们往往倾向于低估思想状况的影响。分数呈现给人们的是能力分，而在考试时，他人不会关心应试者的思想状况。"这正是客观试卷的魅力之所在：从某种意义上说，试卷客观，仅仅是因为判分的时候采用同一标准。描述考试，或参加考试，就很难做到客观。

尽管斯滕伯格智力考试的成绩欠佳，他四年级时的老师亚历克萨（Alexa）夫人却相信，他具备实力。斯滕伯格根本想不起来老师当初对他说过什么鼓励的话，所以，老师传达给他的主要是信心。亚历克萨夫人对斯滕伯格的影响之大，从他把《成功智力理论：实践性和创造性智力如何决定生活的成功》(*Successful Intelligence：How Practical and Creative Intelligence Determine Success in Life*)一书献给她，并写下感谢她"改变了我的一生"即可看出。

斯滕伯格说："情况是这样，就像你和某个成年人的关系那样，关系究竟是好还是不好，根本就不明说。它存在于待人接物当中，是无声的，很自然就你来我往。"随着年龄增长，斯滕伯格的信心也在增长，他美国大学入学考试中成绩很好，最后他进了耶鲁大学。

"成功智力"这一词语是斯滕伯格发明的，在社会上，它比"常规智力"使用频率更高。这一词语的定义是："每个人在其一生中根据个人标准在自己的社会圈子里取得成功的能力。"他认为，成功智力由三个部分构成，即分析、创造、实践。他写道："分析层面用来选择需要解决的问题；创造层面用来解决问题；实践层面用来提高解决问题的效率。"①

斯滕伯格把上述观点非常好地灌输给广大民众。像讲述自己的童年故事那样，他把自己的理论解释得很个性化，没有将其限制在狭隘的意识形态领域。他著述颇丰，发表的文章和出版的书籍总计超过600种。这使在同一领域耕耘的许多心理学家妒意横生。心理学界的评论家们认为，斯滕伯格在实践自己的思想方面存在诸多问题。说来也是，对心理学家和各种社会机构来说，若想找到一种可以广泛使用的考卷，用来测定成功智力，没门儿。就这一点而言，成功智力虽然引人注目，基本上还停留在理论层面。

自从艾伦·考夫曼（Alan Kaufman）和纳迪恩·考夫曼（Nadeen Kaufman）于1983年发表考夫曼儿童评估套题（Kaufman Assessment Battery for Children，K-ABC）以来，在人类认知信息处理领域进行探索的研究人员取得的成就比斯滕伯格还要大。虽然他们没有从真正的意义上打破常规智力测试的束缚，但是在编制考卷和市场化方面，他们成就卓著。这些研究人员和斯滕伯格一样，首先创建了理论，然后才编写考卷。过去数十年来，人类在认知科学领域取得了许多进展，他们编写的考卷就建立在这些进展之上。例如，乔治梅森大学的心理学家杰克·纳格利埃里于1977年发表的认知评估系统（Cognitive Assessment System，CAS）建立在测试人们的认识能力（此种认识能力以大脑的四种不同的心智功能为基础）之上。20世纪60年代到70年代，一位前苏联科学家潜心研究了一些在战争中

---

① 原文引号中摘录的句子可能有误。——译者注

大脑部分受损的退伍老兵，纳格利埃里的测试主要就建立在这位科学家的研究之上。此项研究揭示，人脑的不同区域主管着四种截然不同的智力活动：注意力、同时产生兴奋的能力、实时传导兴奋的能力和规划能力。

纳格利埃里巨大的办公室位于乔治梅森大学二楼的拐角处。在一次约见中，他反复强调，他的认知评估系统比传统的智商测试更有意义，也更实用。在言谈中，他以学习能力障碍的评估和矫正为例进行了说明。判定学习能力障碍的传统的而且至今仍广为应用的方法是，比较能力（能力可用智商测试测定）和成就之间的落差。比如说，某学生的智商测试分数为125，然而他的阅读能力很差。老师们知道这种情况后该怎么办？

能力和成就之间的落差，"认真想想，是个特别愚蠢的概念"。纳格利埃里评论道："它有什么意义？人们根本不知道那孩子出了什么问题。如果人们不知道问题之所在，怎么跟老师们交代，到底该对孩子采取什么措施？"

末了，人们只好将这孩子安插到特殊教学班，至于如何帮助这孩子摆脱困境，人们则完全束手无策。智商测试无法指向特定的心理活动过程，以便断定某个孩子是否在某个方面出了问题。可是，纳格利埃里认为，他的理论和测试可以做到这一点。举例说，他的认知评估系统有可能测量出，阅读能力差的学生，同时应对多点兴奋的能力也会很差。因此，老师们可以在同时应对方面下工夫。举个例子说，每逢阅读，老师们可以将阅读材料分解成相互关联的几个部分，或者要求学生完成阅读后扼要复述一遍读过的内容。

换一个角度看，利用韦氏测评或其他智商测试方法测定应试者的智力，执业心理学家们明知测试结果不一定正确，可他们除了接受，别无选择。

"我认为,作为心理学家,我们对自己的行业做了一件根本不该做的事,何苦让从业者乱猜,测试究竟能测出什么。"纳格利埃里这样说过,"那样做毫无意义。如果试卷的编写者大卫·韦克斯勒本人都说不清试卷的各个部分究竟是测什么的,他人何必乱猜呢?"

以韦氏成人智力测评——Ⅲ里的拼图题型为例,心理学家交给应试者一摞带图形的卡片,让应试者按照故事的情节将卡片依序排列出来。纳格利埃里说,心理学家作这样的测试已经有年头了,他们常常认为,具有丰富的社会知识和智力高强的人做这样的测试题会做得很好。然而,实际情况是,做这种事依托的是经验,熟能生巧。将图片依序排列,与测定人们的社会能力和理解能力毫无关系。

纳格利埃里认为,尽管韦氏测评的各个部分并不一定可以单独解释,执业心理学家们需要了解人们的智力,所以,他们硬是要从中找出这些解释。"其实,在这一领域,我们所做的就是这种事,是我们造出了这种东西。我说的是实情;本质上是我们造出了这东西。"纳格利埃里说,"我的论点来自以下因由,人们拼命从试卷中寻找解释,原因是人们需要从单一的总分数中找出答案,然而却找不着。所以,人们就深入研究试卷本身,以探其究竟。我的观点是,人们应当转向其他测试方法。"

可问题是,韦氏智力测评,某种程度上也包括斯坦福—宾尼特智力测试,这两类智力测试一统天下,即使心理学家们有意,也没有多少选择余地。心理学家们认为,韦氏测评和斯坦福—宾尼特测试是测定智力的"黄金标准"。尽管人们从许多方面质疑这两类测试的实用性,心理学家们也很难摆脱它们。这两类测试存在的时间已然很久,已经在社会上扎了根。

"人类放弃马车改用汽车,花了多长时间?"纳格利埃里自问自答道,"用了很长时间,而且它们共存了大约50年……我仍然记得自已放弃打字机改用计算机的情景，以及许多人拒绝改变习惯的情景。我的意思是，本性难移啊。无论你在哪里和人们谈论智力，结果会怎样？韦氏测评和斯坦福—宾尼特测试会蹦出来，它们无处不在。与智力有关的每一部书，每一本杂志，每一处地方，到处都有它们的影子。每个人都认为，它们就是测定智力的。人们总会说，它们是黄金标准。据我所知，他们和黄金根本没关系。不过，它们在社会上扎根太深了。"

长期以来，从政治的角度放肆地攻击智力测试的人们，自身常常带有许多毛病，其中之一是对智力测试全盘否定。测定智力的历史充满了诸多弊端，混合了可怕的灾难性的政治观点，对智力测试上瘾的人长期以来对变革恨之入骨，对批评刀枪不入。不过，将智力研究和智力测试拒之门外肯定也是不对的。各单位和每个人均可选择和确定自己信得过的心理专家，以及希望采用的测试方法。全盘否定智力测试的说法往往站不住脚，例如，所有的人生而智力相同，能力差异是环境使然。和酒吧侍者相比，艾伯特·爱因斯坦（Albert Einstein）是个更优秀的物理学家，如果这和他的天生能力毫无关系，那才叫匪夷所思呢。这样的可能性是实际存在的：爱因斯坦颠覆物理学界之前，人们通过智力测试即可确定他的各种能力。

就目前的情况看，与其说各类测试是测定智力的，莫如说它们是预测物理成就的。智商测试刚刚脱离襁褓未久，还不足以让人们倚重，成为给人群分类的独门利器。

现实的问题是，智商测试根本无法深入探究人们的脑子里究竟在想什么。如果人们希望找到某种方式取代这些古老的测试方法，而不是将它们全盘抛弃，较为理想的做法是，多找几位心理学家，听他们多讲解一些智力理论，多做几种不同的测试。

第十四章

美国的大学入学考试

　　1954 年，美国法院裁决公立学校必须废除种族歧视。华盛顿特区阿纳可斯提亚公立高中的 2 500 名白人学生联合起来，抵制上学，以示抗议。四天之后，校方劝说学生们返回学校，并且用课外活动来威胁：不再安排橄榄球和戏剧演出，除非他们返校。学生们屈服了。不过，没过多久，白人家庭采取措施，逐一搬离了该地区，有的搬到郊外，有的搬到白人居多的西北城区。

　　抵制事件 50 年之后，阿纳可斯提亚高中的所有学生都成了黑人或没有门路的人，他们在社会上的位置似乎都处在钟形曲线左侧向上弯曲的那一部分。据信，其中 73% 的人"经济拮据"。这座城市因杀人犯众多闻名于世，而这些学生成长的地方谋杀率又最高。这里的命案如此之多，当地媒体已经不屑于报道它们了。流经该校附近的阿纳可斯提亚河壅塞着大量的废旧轮胎和城市垃圾，美国环境保护署估计，每年计有 3 400 万吨生活污水排入这一段河面。

　　阿纳可斯提亚高中的正门有三根单色的多利安式立柱，四扇对开式大门。学生们必须经过这里进入学校。一走进昏暗的大厅，学生们遇见的第一个人是身着制服、表情肃穆的保安。他正襟危坐在木质高台上的一个凳子上，每时每刻都在等候两个金属探测器发出报警信号。行政人员的办公室在大厅另外一端的左侧，大厅里总是熙熙攘攘，挤满了学生。

学校有好几位心理辅导员，其中之一是温斯沃思·E·洛弗尔（Wensworth E. Lovell）。他办公室的木门总上着锁，门上装着双层玻璃。若想见他，必须先敲门，然后会有学生过来开门，领路。这有点儿像前往深街背巷面见旧时代的某个党魁。洛弗尔留着灰色寸头，蓄着山羊胡。看起来，他和学生们关系挺近乎，他们喜欢聚集在他狭小而凌乱的办公室里。洛弗尔爱笑，即使呵斥人，也是温和的玩笑口吻，说话总带着特立尼达口音。那是1月份的一天，天气相当寒冷，尽管已是下午两点，洛弗尔早饭后一直没吃过东西。他正在大口喝汤。桌子上有个大塑料杯，汤就装在杯子里，杯子旁边有个烟灰缸，上面贴着一个标签，标签上写着"前夫人烟灰缸"。洛弗尔在若干所公立学校总共工作过27年，其中有10年担任心理辅导员。

为了准备接受关于美国大学入学考试的访谈，洛弗尔请学生们离开办公室。学生们出去后，都去了大厅。学生们刚一出去，洛弗尔的话匣子就打开了。他认为，逐渐恶化的社会环境、经济环境和家庭环境等等，已经把如今的学生全都改变了。"他们的道德观念和价值观念令人忧心。"他的话语里透着担心。"如今这一代人全变了。比尔·科斯比（Bill Cosby）①是正确的。我知道，一些人有不同看法，可我跟他看法一样。"洛弗尔补充说，外边那些孩子需要管教，很多孩子没有父母，或者家里充满了毒品和暴力。或者，他们由爷爷、奶奶带大，可爷爷、奶奶管不住孩子。洛弗尔还说，学生们缺少学习的榜样，而他自己就是个榜样。他告诉过学生们："我曾经有机会从事毒品贸易，成为瘾君子。"不过，他没有那么做。

洛弗尔办公室的一面墙上挂着一张照片，照片上是他在特立尼达的房子。每当日子特别艰难时，他总爱端详那张照片。照片上的房子

---

① 哲学博士，黑人社会活动家。——译者注

很大。他总在想，离开华盛顿之后，他会利用那房子开个提供免费早餐的家庭旅馆。他若有所思地看着照片说："再过两年，我就能退休了。"

问及洛弗尔对美国大学入学考试的看法，也即他对美国式高考的看法，他叹了口气。

尔后他说："我们国家需要的是精神健康考试"，而非什么统一考试。问他这话是对学生们而言呢，还是对老师们而言，他回答说："对两者而言。"说完他笑起来。洛弗尔说话时似乎成竹在胸，并非头脑不清，信口而出，似乎他以前解答过相同的问题，尔后又有过多次历练。"如果当初我谈到这问题时不冷静，我早就进了圣伊丽莎白医院。"说完他掉转头，抬起眼睛往维多利亚时代即已出名的精神病院方向看去。医院坐落在白雪覆盖的华盛顿阿纳可斯提亚地区，就在他身后的窗户外不远处。小约翰·辛克利（John Hinckley）[①]当时正关在那里。

洛弗尔说："我们早就对各种考试厌倦了。"他认为，用不着调用千里之外其他地方的标准来衡量阿纳可斯提亚的孩子们，他们的成绩早已很糟糕了。他还认为，不应当根据局外人要求的所谓全国水平安排考试，而应当根据孩子们在学校学过的知识安排考试。无论学生们平日所学的是什么，他们所学的肯定不是全国统考要考的。他接着说："美国大学入学考试的试卷上的词汇并非学生们平日积累的词汇"，既不是学校里教的，也不是在家学的。

当话题转到对考试的全国性辩论时，洛弗尔成了门外汉。虽然全国人民似乎都很关心诸如阿纳可斯提亚高中的学生，乔治·W·布什（George W. Bush）总统还有一项政策叫做"不放弃每一个孩子的

---

① 刺杀美国前总统里根的凶手，后因精神不正常无罪释放。——译者注

教育"（No Child Left Behind），为每一所学校设计个别化的考试却成不了社会主流。社会现实恰好相反。

在洛弗尔的学生中，大约有40%的人跟他说过，他们打算继续深造，上大学。对于他们当中的大多数人来说，所谓大学，意味着社区学院或大专。洛弗尔说，许多人根本实现不了愿望。不过，既然他们想上大学，阿纳可斯提亚高中必须尽全力帮助他们。对于这些学生来说，学校已经开设了一个美国大学入学考试辅导班，这是一门选修课，由一位充满激情的年轻教师主讲。沿着洛弗尔的办公室门外的水泥楼梯走到楼上，穿过一条没有窗户的过道，即可到达美国大学入学考试辅导班的教室。

老师的名字叫吉米·丹德利（Jimmy D'Andrea），他四年前就来到了这所学校，主讲生物。跟他谈话，就像听一个刚从阿富汗①归来的朋友讲故事，故事里充满了漫长的艰辛，其中还穿插着克服种种困难的奇特经历。当年早些时候，丹德利注意到，毕业班里有个男孩的学习成绩迅速地直线下滑，经过一番询问，丹德利了解到，那孩子的双亲近期相继去世了，而他爷爷、奶奶也已不在人世，因此他轮番住到不同的亲戚朋友家，每晚睡在沙发上，几乎到了无家可归的地步。丹德利办理了收养孩子的合法手续，把这孩子领回了家。

在丹德利上课的教室里，半个屋子摆满了高中里常见的连体金属课桌椅，每一面墙上都贴有励志标语，例如"尊重自己"、"尊重老师"之类。屋子的另一半是科学实验室，半个屋子都是水池子和各种仪器。26岁的丹德利来自阿拉巴马州某小城镇。他现在已经不教科学，改为辅导美国大学入学考试了，这使他成了个"万事通"。在哥伦比亚特区，阿纳可斯提亚高中每年的美国大学入学考试平均成绩不

---

① 21世纪初，美国一直在阿富汗进行反恐战争。——译者注

是垫底就是接近垫底。2003 年,学生们的数学平均成绩为 336 分,口头答题平均成绩为 345 分(同一年,这两个科目的全国平均成绩分别为 519 分和 507 分)。丹德利认为,他可以改变这一现状,而且他已经做到了这一点。2005 年初,在他谈论这一话题时,当届学生们的总成绩已经平均提高了 100 个点。

"可以肯定,我并不完全是为了考试才这样教学的。不过我得说,我的观点已经有了些变化。因为,美国大学入学考试可以拔高落后生的平均成绩。"丹德利说这话时恰逢冬季,他像个基本色调为褐色的肖像人物:他的眼仁为褐色,头上留着褐色的短发,上身套一件褐色条纹的毛衣,下身配一条浅褐色的休闲裤。两年之前,丹德利就意识到,对申请上大学的学生,需要给他们鼓励,给予他们额外的帮助,以应对美国大学入学考试。那时,他已经在寻求非营利社会机构的资助,以便开设一门选修课,激励十年级的学生们,至少在高考一年半之前,让他们有个良好的开端。正如瑞士的日内瓦到处是银行,华盛顿特区遍地都是非营利社会机构。因此,丹德利以为,找到资助肯定容易,至少也能找到一些志愿者,以解决师资的问题。不过,实际情况之艰难,让他颇感意外。他说:"有时候,一提到阿纳可斯提亚地区,人们就变得迟疑了。"

丹德利说,他的理想是,找到两万美金,以支撑美国大学入学考试辅导班的各种材料费,例如智能计算器。最大的一笔开销是春季的一次参观访问大学的活动。丹德利最终得到了每年 7 000 美金的资助,外加来自多种渠道的实物捐赠,这使他和学生们必须厉行节约。他带领学生们外出时,总是借车,让他们挤着坐;吃饭总是在校园的咖啡厅里解决,每人每餐只花三到四美元,这还是最高的;住宿也总是在廉价的汽车旅店。在一周多的时间里,辅导班的学生们主要参观了大西洋沿岸中部和东南部各州从前以黑人学生居多的院校,例如弗吉尼亚州立大学、北卡罗来纳州立大学、北卡罗来纳中央大学、斯贝尔曼学院、莫尔豪斯学院、克拉克亚特兰大大学等。

除了上述参观访问活动，学生们的其他时间都是在阿纳可斯提亚高中二楼的辅导班教室里度过的。为了让学生们相信他们有能力上大学，丹德利让他们阅读《华尔街日报》(*Wall Street Journal*) 的记者罗恩·萨斯坎德（Ron Suskind）所著《看不见的希望》(*A Hope in the Unseen*) 一书。该书讲述的是一位美国大学入学考试综合成绩仅为 980 分（总成绩为 1 600 分，即便是 980 分这样中庸的成绩，那孩子也是历经多次考试才得到的）的阿纳可斯提亚男孩，经过努力，最终进了布朗大学[①]。这本书"有的章节是有点乏味"，丹德利说到这里顿了顿，接着说："可是，总的来说，学生们觉得它很能启发人。"书中的主人公在学生时代遇到的困难和他们面临的困难能联系上。"某个冬天，书里的人物们没了暖气，而我们的学生三天两头会遇到类似的情况。"

丹德利面临的最大困难是，学生们普遍缺乏动力。"我的学生个个都很棒，"他这样评价自己的学生，"你肯定会喜欢他们。"不过，让他们来班里——甚至包括让他们到校——难上加难。阿纳可斯提亚高中每年招进来的新生大约有 250 人，到高年级时，学生人数会减少到 100 个左右。

"有时候，不来学校的理由还真符合规定。他们有时候会在家里照顾年幼的弟弟、妹妹。"有时候家里会有病人。不过，有些理由当然就不合规定了。"人们通常的说法是，由于复杂的社会原因。"这是丹德利的原话。女孩们常常因为怀孕而退学。还有，当地的"小流氓团伙"常常拉学生们下水。如果学生们加入了某一团伙，每天到学

[①] 美国常春藤名校之一。——译者注

校上学就成了问题。

最为重要的是，必须得到家人的支持，孩子才能上学。丹德利说："如果得不到家人的支持，何必上学呢？"

吉米·丹德利做事矢志不渝，满怀憧憬。尽管每天都有意外，他都会一如既往，勉励学生们做出成就。"跟其他位于蒙哥马利县郊外的学校相比，我们学校有更大的上升空间。"

刚到华盛顿时，丹德利对学生们的技能水平颇感意外。他说："高一、高二、高三的许多学生有基本的理解能力。"不过，差不多也就到此为止了。学生们朗读课文时，虽然不时会有磕磕巴巴的现象，但是似乎还说得过去。"轮到回答问题时，情况就说不过去了……他们只认得文字，知道怎么念，有时候读文章却不成句子，更别说理解了。"

他还说，很难确定问题的根源。问题肯定出在此前念小学和中学的阶段。"来这里上高中时，大多数学生读文章也就能达到小学高年级的水平，平均水平也就是五年级到六年级的样子。"学生们的数学能力也如是。所以，美国大学入学考试辅导班的宗旨很明确：大部分时间都在补课，讲基本原理。

"我们用一周时间讲解正数和负数的应用。"丹德利说到这里顿了一下，接着又说："也就是 -3×8，全都是这类东西……我们还要花好几周时间复习分数和小数，都是必须掌握的基本数学概念。"

为应付美国大学入学考试而采取的教学方法常常让丹德利怒火中烧。他说："我认为，语法简直就是扯淡！"他指出，如今已经没有人无的放矢地讲什么语法规律了，然而，为应付考试，他必须这么做。如今，老师们都喜欢通过"整体写作"讲解语法，让学生们一遍又一遍地改稿子。"如今我们又得回过头来找句子里的错误。有些例子本来是非常合理的东西——如否定之否定，主语和谓语相一致等等；不过，有些题型就是故意刁难人的：例如先行词和代词故意不统一；关键词组放在句子中间，故意让人看漏。"在美国大学入学考试的试卷里，有时候会要求应试者识别下画线部分有误的句子成分（并非每道题都有误），试举一个例句如下：

$\underline{\text{As}}_{A}$ we rely more and more on the Internet, $\underline{\text{your}}_{B}$ need for effective security planning and design $\underline{\text{to safeguard}}_{C}$ data $\underline{\text{has increased}}_{D}$. $\underline{\text{No error}}_{E}$

正如内容涉及互联网的上述试题①所示，美国大学入学考试的试卷的内容对丹德利的学生们而言，似乎来自天外。他解释说："我认为，很难让人们理解我这里的学生的生存环境究竟是什么样。这么说吧，考虑到这些学生根本没出过远门，甚至都没离开过华盛顿南区"，人们才可能稍稍理解，这些学生参加全国统一考试会面临多大的困难。在美国大学入学考试的试卷的阅读理解部分，由美国大学理事会拍板的一个测定"准确无误、合情合理地表述"的句型如下：

The Portuguese musical tradition known as **fado**, or "fate", has been called the Portuguese blues because $\underline{\text{of their songs that bemoan someone's}}$ misfortune, especially the loss of romantic love.

---

① 上题的英文大意为"人们越是依赖互联网，越需要注意信息安全"。——译者注

通过上题的内容①，人们不难理解，对于没出过远门，几乎没见过什么世面的学生们来说，这道题等于兜头泼下来的一盆冷水。丹德利坚信，编写美国大学入学考试的试卷的那些人根本不知道，在阿纳可斯提亚这样的地方，"常识究竟为何物"。中产阶级居住区常见的健身中心一类设施，在这里很少见。20世纪90年代中期以前，这里的学生们主要都在家门口的小店里买东西，因为这一大片地区没有一家超市。和中产阶级的学生们相比，这里的学生们活动范围很小。和美国大多数高中形成鲜明对照的是，外来的参观访问者可以在阿纳可斯提亚高中门口的主停车场随意停车，因为全校六百多个学生，没有一个人开车上学，他们买不起车子。进一步追问丹德利，能否肯定没有一个学生开车上学，他认真想了想，回答说："如果有人开车上学，我肯定会知道。"因为这肯定会很轰动。

相比之下，沃特·惠特曼高中位于华盛顿郊外的马里兰州地界内，在白人居住的城区以外大约17公里处，该校的272个车位远不能满足450位开车上学的学生停车。为解决这一难题，学校采取抽签的方式，但凡没抽到车位的学生，只能在学校周边的地区自行寻找车位。

丹德利指出，阿纳可斯提亚高中的大多数学生甚至连驾照都没有。他说："首先，人们必须办理'学员资格'，以及其他各种手续……接着，还要参加考试，才能获得驾照。还必须找一位有驾照的司机做教练，同时有一辆在司机与副驾的座位中间安装了辅助刹车装置的汽车。"而教练老兄还必须年满21岁。这些不起眼的小麻烦足以打消大多数阿纳可斯提亚高中的学生获取驾照的念头。

---

① 上题的英文大意为"人们称做'葡萄牙布鲁斯'的曲式主要用来表达哀伤"。——译者注

中学的司机、中产阶级的基础设施以及福利设施的缺乏，不仅是经济上的问题，也令人惊奇地影响到学生们参加美国大学入学考试。没有汽车，意味着学生们只能参加阿纳可斯提亚地区或附近地区组织的考试。进出阿纳可斯提亚地区的公共交通根本靠不住。所以，周六清早穿城而过，或者赶往郊区参加考试，其艰难程度足以让人望而却步。

　　即使某些学生能按时赶到考场，新考卷的写作部分的考试费已经从 28 美元上涨到了 40 美元。贫困家庭的孩子可以免费参加两次考试。然而，中产阶级的许多学生如果对分数不满意，会反复参加考试，直到满意为止。丹德利常常把自己的信用卡借给缺钱参加考试的学生们。他是这样说的："和其他地方的情况大为不同，在这里教书就得这样。对自己从事的这份工作，只要你良心尚存，还有点儿同情心，你就不可能做到置之度外。"

　　上述阿纳可斯提亚高中的状况的根源有两个方面：贫困和种族，而这两方面都会使美国人感到紧张，尽管在对参加考试本身的影响上，社会经济状况远不如种族问题那么具有煽动性。在闲聊中，每当提起阿纳可斯提亚高中，以及人们向往的为殷实家庭提供服务的学校，大家较容易理解的是，两者在经济方面存在差异；分析种族会影响参加考试，人们就很难理解。许多阿纳可斯提亚高中的学生负担不起参加两次以上考试的费用，或者聘请超级家教的费用，其原因并非由于肤色为黑色，而是由于贫穷。

　　在华盛顿，人们不必劳神，即可找到在经济和种族两方面与阿纳可斯提亚高中反差鲜明的学校。一些全美国最好的私立学校就在华盛顿。虽然各学校都在尽全力使学生的肤色多样化，绝大多数此类学校的学生照样还是白人。对于在学校周边游荡的报道学校活动的记者们，私立学校的态度往往不那么开放。这些学校犹如特大型企业聘请的律师，声望已经达到顶峰，一旦在公开场合宣扬自己，暴露自己的独门利器，反而可能会适得其反，使声誉受损。这些学校拥有出众的生源，它们的老师也是最拔尖的。每当哈佛大学负责招生的人有机会前往华盛顿，他们理所当然会绕道前往西德维尔高中，鲜有顺路前往阿纳可斯提亚高中的人。按照升入哈佛、耶鲁、普林斯顿三所大学的高中毕业生的数量排序，全美排名前 50 位的高中，仅华盛顿一地就占了五所。许多家长在孩子仅有三四岁大的时候，就已经开始盘算应当选择什么样的学校了，所以，进入此类学校的竞争异常惨烈。对某些这种类型的学校来说，有关美国大学入学考试的事，人家早就为你考虑好了，这些学校都设有辅导课，而且高考成绩都好得出奇。

位于华盛顿郊区的顶级公立学校必须略费一些周折，才能获得理想的生源。各学校往往都像阿纳可斯提亚高中那样开设美国大学入学考试辅导选修课，但家长们依然会仔细研究各中学的全美统一高考成绩（这种成绩是公开的）。沃特·惠特曼高中是全美最好的公立高中之一，它拥有价格昂贵的停车场、华丽的体育馆，主楼正面是晃眼的玻璃幕墙，它与阿纳可斯提亚高中不可同日而语。与其说沃特·惠特曼高中看起来像个高中，不如说更像个公司大院。尤为重要的是，那所学校的学生结构已经变得更加不纯了。将近 80% 的学生为白人，经济上处于弱势的学生仅占 2% 左右。按照家庭总收入计算，该校的平均水平多于每年 10 万美元，家长们多为专业人士，工作单位包括位于学校附近的美国国家健康研究院，以及其他有实权的单位，诸如世界银行、华盛顿邮报社、世界各国驻美使馆等等。这所学校名声在外。人们甚至言之凿凿地说，就近入学政策大大提升了这一地区的房价。

沃特·惠特曼高中英语部的主任苏珊娜·科克尔（Suzanne Coker）说，用孩子们自己的话来说，"脑瓜灵就是酷"。这是美国十多岁孩子的经典说法。学生们和家长们都说，争取好成绩的压力非常大。学校最近开设了升级考试辅导课（即，一种专门的大学预修课，其终极目标是参加某种类型的全国水平考试），所有学生都可以自愿报名。英语升级考试辅导课面向十一年级和十二年级的学生，分为七个阶段，报名人数很快就满员了。

"报名人数特别多，特别多！"科克尔说话时挥动着手臂，第二次说到"特别多"时，动作幅度尤其夸张。

科克尔说，人们曾经担心，开设英语升级考试辅导课，会导致毕业班的高考成绩下滑。不过这种事从未发生。孩子们一直保持着远远高于全国平均水平的成绩。

沃特·惠特曼高中的校长艾伦·古德温（Alan Goodwin）博士曾经说过，此类学校仅有一种劣势。他的原话是："一旦拥有了这么好的生源和录取分，就得小心翼翼，千万不能自满。如履薄冰啊，还必须咬牙坚持下去。"他进一步解释道，现在的这个班从初中开始就参加 2004 年和 2005 年的美国大学入学考试，孩子们极聪明。学生们极有可能取得学校历史上最高的美国大学入学考试平均分。他们 12 月份的平均分数为 1 266，而此前的 1 月份，分数为 1 256，许多学生当时还是第一次参加考试。

2005 年 2 月的某一天，天气晴朗，让人感到神清气爽。这天，古德温穿着一身炭灰色正装，戴着眼镜，打着蓝色领带，内穿蓝白条纹的衬衫。他留着波浪式发型，头发里已经掺进了一些银丝。和阿纳可斯提亚高中的温斯沃思·洛弗尔一样，古德温口无遮拦，和学生们混得很熟。我们在他的办公室里讨论美国大学入学考试时，经常会有学生推门而入。其中有一次，一个男孩和一个女孩推开古德温身后那扇门，女孩进门就说，眼下"机器人测试"已经在礼堂里开始了。古德温显然没时间过去看，不过他还是问了一句："你们没在大厅里搞测试吧？"

"没有。"男孩答道，"在礼堂里搞的。"他们说完就转身出去了。

几分钟后，古德温正盯着计算机屏幕回复一封电子邮件，一位老师进了办公室，他用"博士"称呼古德温，然后告诉后者，他已经把运动员带来了。听见这话，古德温站了起来，招呼一个身材瘦小的女孩进了屋，随后向一位来访者介绍说："这是美国头号高二体操运动员。"古德温让这女孩来办公室的目的，不过是想叮嘱她一番，前往世界各地参加比赛时，一定要把学校布置的功课安排好。

古德温问道："你下一站是哪儿？"

"两周后去法国，"女孩答道，"然后从那里去葡萄牙。"

"你妈妈一路跟着你吗？"古德温想了解一下情况。女孩答道，妈妈会跟着去法国，然而她去不了葡萄牙。听完女孩的回答，古德温点了点头。

随后，古德温和女孩聊起了2008年奥运会。"有目标是好事。"说完这话，他接着又问了一句："那你的学习都安排好了吗？"

"安排好了。"女孩答道，未作进一步解释。

女孩离开后，古德温一再强调说，对于学生们在考试中取得高分，因而获得好评，他实在不敢当。他说："我们有认真教书的好老师，家长们支持学校的教学方法。还有，老师们对孩子们要求特别严。"

在接下来的月份里，即2005年3月，美国境内的高中生将参加全新版的美国大学入学考试。古德温认为，考试内容无论怎么调整，都不会给他的学生们带来不利影响。"实际上，对我们学校不会有任何影响。"他顿了顿接着说，"写作部分实际上还是老一套。唯一能预料的问题是，学生们会收不住笔，写出来的文章长度会超过限制。"

在美国，人们对于美国大学入学考试都有一些特殊的感觉。跑得快的人，参加任何比赛都能很快跑过终点；无论参加什么样的美国大学入学考试，聪明人总会得高分。无论参加考试发生在多少年以前，人们总会记得当年的分数——以及收到成绩时的情景。对于得分遥遥领先的人来说，这是骄傲的资本，这一数字能证明他们智力高强。对大多数人来说，成绩只会给他们带来挫折感和羞愧感，他们唯恐数字会暴露他们天生平庸、愚钝。美国大学入学考试总会令人胆寒，不仅因为分数会影响人们进入哪一所大学——甚至会影响人们的未来，至少会影响人们对未来的预期，更因为美国大学入学考试的历史地位。不久前，美国大学理事会甚至声称，美国大学入学考试测试的是学术能力。这不过是掩饰"常规智力"的一种说法而已。这一历史性吹捧，给人们留下了无尽的回味。

和韦氏测评如出一辙，美国大学入学考试同样诞生于第一次世界大战时期。20 世纪 20 年代，军队的监考人员散伙之后，分别去了各大专院校，他们把基于军方测试的规模化的智力测试带到了全美各地。战时，卡尔·布里格姆不过是个青年军官，战后他摇身一变，成了普林斯顿大学的心理学教授，继之成为 20 世纪最为重要的考卷编辑之一。在普林斯顿大学期间，他把军队的 A 试卷（为识字应征者准备的试卷）直接拿到新生中试用。后来他发现，试卷的难度必须大幅度提高。1926 年，经过一番组合，他把军队的 A 试卷改成了美国大学入学考试的试卷。和战时心理学家们的做法如出一辙，布里格姆宣称，他的试卷测试的是学术能力。他既没有解释学术能力是什么，也没有认真想过这么说会有什么后果。

如今，人们已经不再高度关注美国大学入学考试是否等同于规模化智力测试。不过，至少以下说法是公正的：它脱胎于历史悠久的规模化智商测试——第一次世界大战时期美国军方的测试套题,而且,当年试卷中的诸多痕迹依然留存至今。如今的美国大学入学考试看起来很像智商测试,只不过没有非口头类动手题而已。因此,高中生们也就不必照着图形玩拼图,按照故事情节依序排列图片了。美国大学入学的试卷以下几个部分的题型结构依旧和军方的 A 试卷类似,例如口头答题部分、数学能力部分等。类似的还有,其主要内容几无关联、相对独立的单项选择题型。另外,在用途方面,和各式各样的智商测试一模一样,美国大学入学考试被用于决定什么样的人有资格进入大专院校,什么样的人没资格进入大专院校。

利用美国大学入学考试作为大学入学的门槛,其作用究竟有多大,近些年,对此争议的火药味可谓愈来愈浓。引发争议最多的是,用美国大学入学分数预测未来的准确率低得出奇。以老式的美国大学入学考试 1 600 分记分方法为例,差距达 300 分的学生,在大学期间的成绩谁好谁不好,根本无法准确地预测。加利福尼亚州立大学(以下简称加州大学)·对在校生进行深入研究后发现,美国大学入学考试(2005 年改革之前)仅能解释大一新生成绩偏差值的 13%,也就是说大一新生分数的起作用因素与美国大学入学考试分数的起作用因素并没有太多共性,尽管这些共性因素并不甚明了:很明显,数学和口头答题知识占的比例大,不过,在一定程度上,起作用的还包括信心、应试技巧训练、集中精力的能力、控制饮酒的能力、对成就的渴望,以及其他说不清道不明的东西。随着学生们升入二、三、四年级,美国大学入学考试的分数越来越说明不了问题。加州大学还发现,和美国大学入学考试的分数相比,利用高中成绩和全国水平考试的成绩预测未来,还更为准确一些。不过,其他一些地方的研究结论和加州大学的结论略有出入。所有这些足以说明,包括大学一年级的成绩在内,所有成绩都无法特别准确地预测学生们在大学期间的表现。

上个世纪，支持智力测试的主要论据之一是，为识别具有天赋的贫困生，最好的手段即为借助此类考试。即便如此，美国大学入学考试仍然难以避免彻头彻尾的失败。和考察学生们的社会经济状况以及他们父母的受教育程度相比，利用美国大学入学考试预测学生们在大学期间的成绩，不一定更为准确。只需前往阿纳可斯提亚高中和沃特·惠特曼高中之类的学校参观访问一下，领略一下这两类学校在文化、经济、机遇诸方面的差别，人们马上就会明白，预测大学期间的成绩，美国大学入学考试的成绩远不如其他因素重要。与其说大学里负责招生的官员更注重美国大学入学考试的成绩，莫如说他们更注重学生们的家庭经济背景，以及学生的家长们曾经获得过多少学位——无论何种学位均可。

最近几年，一些大专院校已经开始冷落美国大学入学考试的成绩。2005 年，对美国大学入学考试的成绩完全不予理睬或不予重视的大专院校已经超过 700 所。此类学校多为吸引不到丰富生源的不知名院校，因此，他们对考试置之不理，或许也在情理之中。不过，这当中也包括一些生源很硬气的院校，例如缅因州立大学贝茨学院和鲍登学院、纽约州的汉密尔顿学院、得克萨斯州立大学，等等。

对美国大学入学考试的成绩提出质疑的院校中，最知名的当数加利福尼亚州立大学。2000 年，该校当年的校长里查德·阿特金森（Richard Atkinson）参观了一所私立富豪中学。令他震惊的是，他亲眼看见"为迎接美国大学入学考试，年龄仅有 12 岁的整整一个班的学生在一起练习口头类推法。我这才知道，他们每个月都要花费十几学时——包括直接的和间接的——准备应付美国大学入学考试。他们大量背诵类推句子，例如'慎重就是谨慎'的类比为'虚伪就是虚假'等等。他们投入了时间，目的不是为了开发学生们的阅读能力和写作能力，而是为了提高应试技巧"。

2001年2月，也就是那次参观一年之后，阿特金森来到华盛顿特区，任务是发表一篇演讲。他的演讲还未开场，就引发了激烈的争议，其内容成了各报的头条。发表演讲一天之前，他来到下榻的饭店外，随手从报摊上拿起一份《华盛顿邮报》。令他震惊的是，在报纸上端的头条位置，赫然在目的标题为《加州向美国大学入学考试开火：大学校长倡导新的入学标准》。文章援引了他提前向新闻界透露的演讲内容摘要。同样的文章还出现在《洛杉矶时报》(Los Angeles Times)、《芝加哥论坛报》(Chicago Tribune)、《纽约时报》(New York Times)的头版上。

一天之后，阿特金森在演讲中宣布，他已经提出建议，加利福尼亚州立大学在招生过程中不再参考美国大学入学考试的成绩和其他智力测试的成绩，仅参考"能够对特定专业领域的掌控能力进行评估的标准化测试分数"已经足矣。对美国大学理事会来说，这可是重大消息。该理事会是非营利性社会机构，也是美国大学入学考试的主办方，还是诸如美国教育考试服务中心（Education Testing Service）以及许多考试培训公司的老板。后者通过主办美国大学入学考试，每年可创收超过千万美元。2001年参加美国大学入学考试的学生总数中，来自加州的就占到12%强。如果加州大学停止参考美国大学入学考试的成绩，其他许多院校也会跟着效仿。阿特金森的身份之重要，不仅因为他是加利福尼亚州立大学的校长，他原本就是个响当当的公众人物。从本质上说，虽然他并非智力方面的专家，他却是公认的心理学家，在培训领域造诣颇深，在笼罩着神秘莫测和变化多端的迷雾的心理测试领域，无人能出其右。

更为引人注目的是，阿特金森提议加州大学在招生过程中不再参考美国大学入学考试的成绩，这样的做法是逆历史潮流而动。加州的人口在迅速膨胀，申请上加州大学的人数也在增加，管理人员们全都清楚，这样的趋势会继续下去。不仅如此，加利福尼亚州的大专院校已经向本州的年轻人作出了承诺，只要高中毕业班的学生们能够进入排名前面的12.5%，好歹也能进入某个大专院校。用历史的观点看待这一问题，等候被分别贴上"有资格"和"没资格"标签的人群如此庞大，任何院校都会转而求助智商测试。明明知道申请入学的人数会攀高，阿特金森却提出一种有悖于历史的做法：用一种代价高昂、效率低下、"错综复杂的"招生方式替代所有类型的智商测试。

对里查德·阿特金森而言，他这样做，意味着必须借助某种水平考试。2001年，他在华盛顿特区的演讲中是这样阐述的：水平考试可以"帮助高等中学强化课程安排和教育质量，使学生们在高中阶段完成的学业和他们进入加州大学以后的所学更为紧密地结合起来，使学生们把主要精力放在实实在在的学问上，而不是应付考试上"。

加州大学对在校生的研究揭示，与传统的美国大学入学考试（即第一代美国大学入学考试）的成绩相比，高中成绩和第二代美国大学入学考试（实为全面的专业水平考试）成绩相结合，用来预测学生们在大学期间的成绩，其准确率会稍微提高一些。阿特金森的观点正是建立在前述研究之上的。按照阿特金森的说法，"加州大学的数据显示，高中成绩加第二代美国大学入学考试的成绩，能够解释大学一年级学生21%的成绩偏差。如果在高中成绩和第二代美国大学入学考试的成绩之上再加上第一代美国大学入学考试的成绩，成绩偏差的解释率仅能从21%增加到21.1%，其增量微不足道"。

阿特金森在华盛顿特区发表演讲之前，美国大学理事会已经不再持如下观点：美国大学入学考试测定的是人们与生俱来的能力。1990年，该理事会已将考试名称由原来的"学术能力考试"（Scholastic Aptitude Test）改为"学术水平考试"（Scholastic Assessment Test）。

因为能力测试等于智力测试,而水平测试蕴含的"天生"成分少一些。1996年,该理事会对考试名称作了进一步修改,彻底放弃了美国大学入学考试的英文写法SAT为三个英文词首字母拼写而成的说法,也即是说,SAT就是SAT,恰如其分地说,这三个字母本身没有任何含义。

美国大学理事会对美国大学入学考试的名称作了进一步修改(新名称为"新版SAT考试")。除此而外,阿特金森建议加州大学放弃参考美国大学入学考试的成绩的举措,也促使该理事会在修改考试名称之后,又有了进一步的动作。事实上,阿特金森的倡议适逢其时。因为,从1999年起,美国大学理事会由加斯顿·卡珀顿三世(Gaston Caperton Ⅲ)担纲领导。他是个乐见改革的人,并且对教育一往情深。然而,在任职初期,对卡珀顿本人来说,让他出任美国大学理事会的总裁,总是显得有些不伦不类。

卡珀顿曾经这样表述过:"不过,选择我担任这一职务肯定不是因为我的美国大学入学考试成绩,或许是由于其他什么原因。"

卡珀顿的长处是,他有独一无二的行政经验。20世纪80年代末期和20世纪90年代,他曾经担任西弗吉尼亚州州长。对他而言,教育是头等大事。富于戏剧性的是,在他任职期间,参加升级考试辅导课和各种考试的西弗吉尼亚州高中生比以往任何时候都多。尽管如此,当美国大学理事会的最高职位空缺,一位猎头找上门时,卡珀顿仍然感到出乎意料。当时他对该理事会知之甚少,所以他暗自思忖:"去一个考试公司当总裁能有什么好处?"

不过,猎头给了他一些客观介绍美国大学理事会的材料时,他动心了。

卡珀顿写道:"对这一机构了解得越深入、越广泛,我的兴趣也就越大。更为重要的是,当年美国面临的最大挑战是:如何在全国的教育领域实现机会平等和资源共享的无缝对接。而接任这一职位意味着，我可以在其中扮演极为关键的角色。"说卡珀顿是个狂热的教育工作者，单凭直觉，多数人可能不会认同。回顾该理事会过往的历史，他并非第一位不适合担任此职务的人，因而他顺理成章成了美国大学理事会的总裁。

20世纪30年代末，哈佛大学开始根据美国大学入学考试的成绩授予"主流"圈子——出生于新英格兰地区富裕家庭的欧洲裔白种人——以外的人"学习成绩优良奖学金"，而获得此种奖学金的学生们，在大学期间成就斐然。或多或少基于此种原因，常春藤联盟羞答答地承认，和理想的贵族家庭培养的良好品行相比，常春藤盟校更应当重视学生们的智力。这是天翻地覆变化的开端。自此往后，美国的主力教育机构开始认真审视他们在社会中的角色，以及在校学生的结构。自1942年始，包括常春藤盟校在内，美国大学理事会旗下的所有大专院校不仅要求奖学金申请人提供美国大学入学考试的成绩，而且还在招生过程中全面采用了美国大学入学考试的成绩。虽然当时涉及的人数并不很多——大约1万名大学入学申请人，但是这样做对美国大学入学考试确实是鼎力相助。

历史再次证明，世界大战是促进各种考试的催化剂。在第二次世界大战期间，哈佛大学的一位副院长促成了美国军方利用美国大学入学考试作为遴选军官的手段。军方在全国范围内测试了30万人。人们很快认识到，在美国的任何地方，均可以利用美国大学入学考试将高中生从人群中区分出来。战争甫一结束，哈佛大学的一位行政人员就创立了美国教育考试服务中心。随后不久，在招生的过程中，绝大多数大专院校就开始索要美国大学入学考试的成绩了。

哥伦比亚大学新闻学院院长尼古拉斯·莱曼（Nicholas Lemann）以美国大学入学考试为主题撰写过大量文章。他曾经写道:"值得注意的是,它实际上是一项国家的人事制度,但它竟然未经立法批准、媒体报道或者公众讨论就被建立了——这也可以解释,为什么美国大学入学考试成为既成事实后,又过了这么久,人们这才开始辩论它的实用性究竟何在。"

美国大学入学考试在美国站稳脚跟后,想进大学的申请人无论种族贵贱、血统高低、学识多寡、户口类型,必须参加完全相同的考试。对于常春藤盟校之类的精英院校来说,以前那种唯有出生于新英格兰地区富裕家庭的白种人才有资格入学的制度,无疑被美国大学入学考试冲毁了。不过,美国各地的其他大专院校却没有必要通过美国大学入学考试的成绩将一碗水端平。举例说,1979年之前,加州大学在招生过程中参考申请人的美国大学入学考试的成绩,并非因为此种成绩是过硬的量化指标,能够说明申请人的能力,预测申请人的未来,而是因为加州大学必须利用成绩拦住一些人。申请入学的人实在是太多了。

加州大学的前任校长里查德·阿特金森是这样说的:"当初加州大学决定在招生条件里包括美国大学入学考试的成绩,并非基于如下分析:这种成绩能够预测学生的潜能,而是由于这种成绩可以作为滤网,用来限制符合条件的学生的范围。"

大专院校利用美国大学入学考试的成绩作为入学门槛,无论各自的理论依据是什么,美国大学理事会自身的目标却是超凡脱俗、自视清高的。大多数美国人实际上误判了该理事会对教育的影响力。该理事会并非考试公司,而是非营利性社会机构,它的宗旨是向各大专院校提供选择优秀学生的手段(毫无疑问主要是美国大学入学考试),并保证通过公正、平等的方式,成绩优秀的学生都能进入大专院校。卡珀顿为什么接受了美国大学理事会总裁的职务,为什么加利福尼亚州立大学刚刚威胁不再参考美国大学入学考试的成绩,该理事会便立刻借机修正了美国最重要的考试，这些疑问由此一目了然了。卡珀顿坚信，他们的修正是成功的。

2003年，卡珀顿这样说过："这种新的考试肯定会在教育界掀起一场变革。"

卡珀顿的说法是否靠谱，值得商榷。可以肯定的是，在某种程度上，加州大学已经影响了美国大学入学考试的内容以及美国大学理事会推广美国大学入学考试的方式。如今，该理事会解释道，从一定程度上说，修正美国大学入学考试是影响高中课程设置的方法，效果和全国水平考试相当。与支撑智商测试的基本原理相比，这一解释已经是实实在在的让步了。希望对美国的教学内容施加正面影响，这种想法看似崇高，然而考虑到该机构拥有如此这般的影响力，却不必对上千万学生和家长负责，难免会令人心生疑虑。如果地方教育机构履行职责不到位，人们至少可以通过投票的方式解散该机构，人们凭什么心甘情愿把美国教学内容的改革托付给美国大学理事会呢？

美国大学理事会对考卷所作的各种修改，令折磨人的考试延长到了3小时45分钟，比上一版的美国大学入学考试多了45分钟。其中的变化包括，将数学提高到代数二级的水平；为表明支持学校的阅读课设置，延长了阅读理解部分的时限；另外还删除了类推题型。最引人注目的是，2005年3月，美国大学理事会在新版美国大学入学考试的考卷里增加了25分钟的短文写作。该理事会坚信，这样做可以在全国范围内提高人们的写作能力。

许多老师抱怨说，美国大学入学考试里新增的短文写作只不过让各学校已经排得爆满的课表愈加不堪重负，而所教的写作方法却非常有限。学生和家长们对短文写作更是谈虎色变，考试公司则喜上眉梢，因为大赚一笔的机会眼看就要来了。新版考卷第一次正式应用之前，谁都无法准确地预测短文写作会以什么样的面目出现。一些考试公司说，学生们仅仅需要死记硬背一套范文，然后根据教育考试中心给出的题目往里充填内容即可。这样的态度让教育家们非常不满，这一做法肯定也有悖于写作考试的初衷。设置这一考试的本意是，让学生们看过题目后当场构思，当场立意，然后测试第一稿究竟能写成什么样。有证据表明，实际情况是，无论参试者的文体是什么，也无论其分析能力如何、事实是否有误，写成的文章越长，分数也会跟着水涨船高。看过新版美国大学入学考试的考卷短文写作的判分结果后，麻省理工学院的写作教研室主任这样写道："我发现，在短文写作部分，可根据目视的文章长度估算实际得分——在考试现场，隔着好几排学生都能算出分数。"

让人匪夷所思的是，里查德·阿特金森认为，新版美国大学入学考试的考卷里的改进是革命性的。他是这样说的："我认为，这是理想的解决方案，反映了我在教育咨询中心（Advisory Center for Education，ACE）演讲时倡导的变革。用不了多久，大学的招生方式肯定会发生革命性的变化——这一变化可能会影响到上千万年轻人。"

阿特金森坚信，在说服美国大学理事会修改考卷方面，其负责人加斯顿·卡珀顿功不可没。尽管有大量证据表明，旧版美国大学入学考试的考卷没多大用处，美国大学理事会里的大多数头面人物显然并不想有什么动作。"我尤其钦佩卡珀顿，"阿特金森写道，"他显示了勇气，施展了领导艺术。如果没有他的参与，修改第一代美国大学入学考试的试卷是不可能的。"

然而，指望新版美国大学入学考试试卷的变化在教育界掀起一场革命，或许是奢望。里查德·阿特金森坚信，新版美国大学入学考试的试卷可以跟义务制教育的课程设置融会贯通。不过，各学校并没有因此停办美国大学入学考试辅导班。倘若果真如此，说明学校方面认为，日常课程安排即可满足学生们参加高考的准备。开办美国大学入学考试辅导会占用大量的时间、资源、师资，而老师们原本可以开设其他专业课。在新版考试出笼之后，报名参加诸如斯坦利·卡普兰（Stanley Kaplan）考试咨询公司培训的人数陡然增加了。毫无疑问的是，如果家长和学生们认为，学校的课程足以覆盖考试的内容，到了让人放心的程度，上述情况就不会出现。

家长和学生们，以及各类考试辅导公司对安全的新技术总是趋之若鹜，其行为方式几近窃贼。他们疯狂地试图破解新考卷的内容。能否破解早已不是问题，问题是破解的时间是否足够超前。值得怀疑的是，考试辅导公司究竟能起到多大作用。数十年来，教育考试服务中心一贯否认考前热身训练能够改善美国大学入学考试的临场表现，尽管如此，自20世纪50年代以来，卡普兰考试咨询公司、普林斯顿教育咨询公司（Princeton Review），以及其他考试公司一直在努力提高学生们的考试分数。英国的11＋智力测试的情况和美国的情况一模一样。

一些考试辅导方法不仅提高不了分数，还会让人们觉得怪异。例如，麦片公司将智力测试题印刷在包装盒上，历史悠久的胜家牌缝纫机在广告里信誓旦旦地向消费者们承诺，只要使用他们的缝纫机，就可以提升常规智力。近期的一个事例发生在美国马里兰州的蒙哥马利县，那里的许多公立学校面向有天赋的孩子开办了业余补校。最近几年，那里的家长们痴迷乐高牌拼装玩具，到了疯狂的地步，他们认为，这种小玩具可以提高后进孩子在瑞文渐进测评方面的分数。姑且不论这些考试辅导策略的有效性，为应付智商测试，人们能够并且应当预作准备，数十年来，这一直就是公开的秘密，尤其对中产阶级家庭更是如此。

为应对新版美国大学入学考试，各种校内和校外辅导项目会一如既往地延续下去。由于所处的地位不利，中下层家庭的孩子们依旧享受不到公平的待遇。如前所述，吉米·丹德利开设了美国大学入学考试辅导班。他已经尽了最大的努力，他的努力值得提倡。尽管如此，阿纳可斯提亚高中学生参加2006年新版美国大学入学考试的平均成绩也只有1 042分（最难的阅读理解部分为352分，数学部分为331分，短文写作部分为359分）。美国大学入学考试的总分为2 400分，因此前述分值远远低于华盛顿特区公立学校的平均分（1 441分），更低于全国的平均分1 518分。考虑到阿纳可斯提亚高中的学生在美国大学入学考试辅导班开办之前所处的教育水平，以及他们在日常生活中面临的经济难题，很难想象新版美国大学入学考试的试卷会改善他们在考试中的表现，或改善学校的日常教学。

毫无悬念的是，沃特·惠特曼高中的学生们依旧会在考试中名列前茅。2006年5月，惠特曼高中的古德温校长曾经预言，该校学生的成绩在全县范围内会名列榜首。他说："我被告知，基于此前的统计，我们学校在两次模拟考试中的分数和去年一样高……已经破了纪录。"正式考试的结果证明，古德温说的没错。2006年，该校学生参加新版美国大学入学考试的平均成绩为1 884分（最难的阅读理解部分为622分，数学部分为639分，短文写作部分为623分），远高于全国的平均分。实际上，沃特·惠特曼高中在马里兰州蒙哥马利县拔了头筹，比排名第二的学校高出了50分。

到底应当如何对待美国大学入学考试，难说有不二的选择：要么全盘否定，要么修改提高。一部分心理学家倾向于后者，强烈要求对其作更大程度的修改。我在前一章里介绍的耶鲁大学的心理学家罗伯特·斯滕伯格坚信，基于"成功智力理论"的考试方法比现行的美国大学入学考试更为公平，预测学生们在大学期间的平均成绩也更为准确。斯滕伯格认为，美国大学入学考试的覆盖面过于狭窄，因此，他与共事的研究人员们一起，发明了一套包括多项选择题、写作题、动手题在内的试卷，在测试应试者的解题能力（斯滕伯格认为美国大学入学考试的试卷已经涵盖了应试者的解题能力）之上，进而还要测试其创造能力和动手能力。

斯滕伯格的一些多项选择题让人觉得像是很久以前旧时代学校的智商测试题。例如，他的试卷里竟然包括让学生指出一串数字排列规律的题型，以及"日常数学"的题型。当然，他的试卷里也包括非常难的题型。为测定应试者解决实际问题的能力，试卷里还包括在地图上画路线图的题型。考试过程中还包括观看一个短片，影片内容为日常生活中可能出现的问题，应试者必须给出解决问题的方案。例如，其中一部短片的内容是，一个学生请求某教授为其写一封推荐信，影片中的教授显然没认出对方是自己教过的学生，而这部短片是无声的。为测试创造力，斯滕伯格采用的方法大致为：一是让应试者做计算题，而数字则无序排列；二是让应试者自选一个题目，写一篇短文，而标题之怪异有如《八只脚的章鱼如何选购运动鞋》；三是在卡通片上加文字说明，凡此等等。

经过全美各地学生的验证，斯滕伯格和同事们发现，用他们的试卷预测学生们在大学期间的平均成绩，其准确率几乎是旧版美国大学入学考试的试卷（这一研究是在新版美国大学入学考试的试卷出台之前）的两倍。另外，他们的试卷大大缩小了因种族差异导致的令人不快的分数差异——这是斯滕伯格明确提出的目标之一。如果斯滕伯格的考试方法像他说的那样，能够准确地预测学生们的未来成绩——这一点尤为重要，那么此种考试就值得进一步研究了。不过，他的测试与学校的日常教学内容同样不搭调，因此问题依旧。为了应付斯滕伯格的考试方法，学校仍需开办选修辅导班，让孩子们练习写短文，研究地图，熟悉数字串。斯坦利·卡普兰考试咨询公司可能会因此赚取更多的钱。

那么，干脆停办美国大学入学考试，岂不更好？倡导者们支持美国大学入学考试的理由是，大专院校需要一个全国范围的统一标准，以便对学生们进行比较。他们认为，准确地理解每一所高中的成绩究竟是怎样计算出来的，很难。例如，某学校的"优秀"，在另一所学校就很难说是优秀。滥用分数会使问题更加复杂。如今，得"优秀"的学生（至少在大城市郊外的白人聚集区）似乎越来越多。不仅如此，统一考试可以避免偏见进入招生人员的权限。这些都是赞成统一考试的精英们给出的善意的理由。而且，为实现上述目标，这些理由在过去的历史时期的确使美国更为团结了。例如，第二次世界大战后，法学院入学考试（Law School Admissions Test，LSAT）确实为天主教徒和犹太人敲开了某些法学院的大门。

不过，除了让全国的所有考生像体育比赛那样在同一个场地上进行竞争，美国大学入学考试不见得有多大用处。可以肯定的是，它无法较为准确地预测学生们在大学期间的成绩。和英国的 11＋智力测试一样，美国大学入学考试带来的主要麻烦是，它会使学校的课程安排扭曲变形并且不堪重负。阿纳可斯提亚高中的吉米·丹德利和他身边的老师们原本应当把注意力集中在核心课程上，不应当为追赶其他学校而讲授什么考试技巧和开办美国大学入学考试辅导班。归根结底，必须有某种能够替代美国大学入学考试且不失公允的方法，同时还不会改变学校的课程设置，也不会加重学生们的负担。

最佳替代方法是全面专业水平考试，即，能够直接测试学生们平日所学的考试，其内容涵盖语文、数学、艺术、人文、科学。这样的考试能够和学生们在课堂上学到的内容结合起来，同时也能满足同场竞技的要求，即所有人都参加相同的高等学校入学考试。不仅如此，与美国大学入学考试不同，无论学生的社会背景和经济背景如何，水平考试可以预测学生在大学期间的表现。

里查德·阿特金森曾经这样论述道:"新版美国大学入学考试——实为全面专业水平考试——将家庭收入和家长受教育水平的影响降到了最低,预测学生在大学期间表现的准确率却并未降低。与此同时,旧版美国大学入学考试和加州大学一年级学生成绩的不协调却彻底不见了。"

不幸的是,水平考试自身也存在缺陷。实际上,美国正在酝酿建立全国性的统一课程设置,这是全国各地各自为政的美国人历来都不愿意做的事。举例来说,如果全国一盘棋,在文学方面设立某种全国统一的考试,那么,谁来决定学生们应当阅读什么样的书?如果必须舍弃一人,又有谁具备如此的权威,能够决定英国诗人弥尔顿和英国剧作家莎士比亚两个人谁应当出现在课本里?依据同样的道理,一些研究人员还认为,和阿纳可斯提亚高中的学生情况相同的学生,如果他们参加水平考试,甚至有可能得到比参加美国大学入学考试更糟糕的成绩。

加州大学桑塔巴巴拉分校教育系的教授丽贝卡·兹维克(Rebecca Zwick)曾经写道:"让高考过分适应课程设置,也有其危险性,这样做实际上会从整体上拉大人口数量少的族群的分数差距……因为在我们国家,各学校的教育质量严重失衡。在差校就读的孩子可能总会处于劣势。"

解决这一问题的出路并非坚持全国一盘棋的统一考试,也不是根据各民族的成绩差异选择新的入学考试方法,而是说服各地区的人们支持对孩子们进行教育,在全国各地多建高质量的公立学校。放弃美国大学入学考试的方法,采用水平考试的方法,并不能解决黑人和白人之间在分数方面的差距,也无法解决更为复杂的社会经济问题。不过,这倒有可能让吉米·丹德利回过头去讲授他原本希望教的课程——生物,而不是拼凑出一个什么美国大学入学考试辅导班。阿纳可斯提亚高中真正的问题并不是美国大学入学考试，而是学生们生活在其中的贫困环境，以及对教育不够重视的文化氛围。这些都是更为棘手的问题，而且更难以解决。社会的能量应当集中在这些领域。考试无论设计得多么完美，各个国家都不应当过于重视它们，而不注重在教育领域进行创新。

第十五章

白人黑人的智商差距

在美国，但凡涉及智商的话题，无一例外会把种族牵扯进来。它就像身躯庞大的猛犸象，浑身披着长毛，随时会猛扑过来。即使说话的人有意回避它，也拿它无可奈何。其实，事情原本不应该这样——实际上，这本来根本不应该成为人们的谈资，然而，不知为什么，美国的心理学界总是摆脱不了这一话题。总的来说，在美国的领土以外，没有人会认为，研究不同种族的智商是个有价值的科学命题。参考我们在前十四章里讨论的智商测试发展的历史，各种研究结果表明，智商测试测定的不是人们与生俱来的智力，而是人们的学识，以及难以定义的解决抽象问题的能力等等。人们也很难相信，竟然会有人在研究中如此认真地对待种族问题。20世纪初，诸如亨利·戈达德之类的美国心理学家曾经报告说，踏上埃利斯岛的欧洲各"种族"和各民族的智力存在着差异，不过人们最终还是将这类研究当成了伪科学。然而，出于某种原因，许多美国的心理学家认为，研究黑人和白人的智商差距，在科学上有其合理性（同样有合理性的还包括对亚洲和犹太民族的智力进行的间接研究）。

即使考虑到有人会从生物学的意义上明确认可"种族"的存在，智商测试的笼统性至少也会导致人们在此命题上陷入不可知论。人类在教育、收入、健康诸领域真正享受平等的待遇之前，即使社会上存在诸多比各种智商测试更为准确的测量手段，人们对种族和智商的关系也只能是无可奈何。即使真的实现了上述平等，这一命题为什么会如此令人着迷，让人觉着有用，也实在令人费解。不过，心理学家们仍然前赴后继地探索这一令人作呕的领域。但凡有人质疑，作这种研究的重要性何在，明知找不到令人满意的答案，心理学家们也总会进行抗争。学术自由非常重要，既然有人选择了研究这一命题，他人不应当进行阻挠。不过，美国人的执著让人觉得奇怪，有时候甚至是有害。某一次，本书作者和一位美国国会的议员谈话时得知，后者刚刚阅读了一篇有意思的文章，文章说，"寒带地区的犹太人"比温带地区的同胞更聪明。他说，文章给出的解释是，在恶劣的气候中，感觉寒冷的犹太先辈们必须动用更多的聪明才智，才能够生存下来。不论心理学家们如何加以否认，所谓不带感情色彩的研究工作，总会有办法渗透到主流研究中来。人们只好寄希望于，这种事千万不要被用到政策制定领域。

　　一个鲜明的实例是，2004年12月，在美国的新奥尔良举行了一次会议，它见证了人类以种族差异为命题进行研究的成果和观点。来自美国各地和欧洲大陆的智力问题研究人员汇聚一堂，召开了国际智力研究会（International Society for Intelligence Research，ISIR）第五届年会。沿着波旁饭店宽大的楼梯拾级而上，就是舞厅，就是年会会场。大会期间，与会者们听到的最多的说法是男人、女人、黑人、白人、亚洲人的常规智力如何如何迥异。会场里，高高的天花板上挂着枝形吊灯，灰色的窗帘将高大的窗户遮蔽得严严实实，没有一丝自然光透进会场。会场外的波旁大街上，正在狂欢的人们①演绎的却是低智商的活动。高大的塑料彩车上，男人们呷着啤酒，随时准备往人堆

---

① 美国南方城市新奥尔良闻名于世的原因之一是，当地每年举办一届狂欢节。——译者注

里抛撒塑料项链,来自全国各地的年轻姑娘们为了得到更多的项链,常常撩起上衣,以吸引男人们的注意。会场内的气氛显然比较沉闷。

华盛顿大学的心理学家厄尔·亨特(Earl Hunt)说:"通常人们会认为,国际智力研究会是智力研究领域里的保守派。"亨特所指并非政治意义,他是在说,那些社会科学家们——主要是心理学家们——总的来说真心实意地相信常规智力指数的存在。和大多数美国人不一样,每当有人谈起黑人和白人的智力有所不同,许多国际智力研究会的成员立刻就滔滔不绝;如果有人质疑是否存在常规智力指数,他们马上就噤若寒蝉了(所以,在大会期间,会场上最好不要出现美籍非洲人的身影)。因为如此,智力研究人员们常常对作家和记者们敬而远之。究其原因,源自常规智力指数的许多观点常常(并非总是如此)和主流政治思想合不上拍子。

举几个例子。许多智力研究人员相信,对成年双胞胎的研究揭示,通过智商测试测定的人类智力,80%是由遗传基因决定的。非心理学领域的专家们(尤其是遗传学家们)则往往认为,遗传的比例比那低得多。然而,和心理学家们的观点形成鲜明对照的是,这一命题让人感兴趣,并非由于多大比例的智力为遗传。可以肯定的是,人类的每一种能力都是先天遗传和后天获得在一定程度上的结合。比如说,玩草地滚木球的能力,肯定是前述两种能力的某种结合。探究其准确的比例,能有多大意思呢?重要的是,智商测试测定的到底是什么。一旦人们明白过来,智商测试测定的不是智力,而是学识,以及解决抽象问题的能力——人们难以说清这是一种什么能力,关于先天遗传和后天影响到底各占多大比例的讨论无助于研究黑人和白人在智力方面的差异。

无论如何,暂且不管先天和后天因素在智商构成里各占多大比例,每当想到先天遗传有可能在其中起很大作用,许多非专业人士似乎总能嗅出一点宿命的味道。既然许多心理学家关注这一话题，宿命也就确凿无疑了。既然宿命能够解释长期以来黑人和白人在考试成绩方面何以平均相差 15 分——此种差距悠悠地延续了差不多一个世纪之久，那么这一题目本身，以及像毒瘤般依附于它的宿命论，也就颇具煽动性了。此类种族方面的差异至少在某种程度上有可能是遗传差异使然，出席国际智力研究会年会的研究人员们比普通民众更乐于在公开场合探讨和阐述这一点。并非出席国际智力研究会年会的所有研究人员都抱有此种观点，不过所有与会人员均认为，人们理应开诚布公地对待各种科学探索和发现。

"你瞧，在遗传概念里，是否真的存在种族，社会上的确存在关于这一问题的大讨论。"亨特对采访他的记者如是说。"人们说，根本不存在种族一说，或者说，这种说法根本不是生物学概念。假设人类不使用'种族'一词，人类肯定会创造另一个词，用以表达特征明显相同的人们非随机群分的概念。"说到这里，他不做声了，以便记者深入体味他刚刚说过的话。这一话题太过情绪化，太过重要，他说话时总是小心翼翼，字斟句酌。"请注意我刚才的话，仔细想想'非随机群分'意味着什么。基因并非随意分布在人类的各族群当中的，基因的确有族群之分。"

用律师们的话说，前述说法并非在探讨以上所说命题的真谛，而不过是在披露心理学家们的心迹而已。对于群体遗传学、人类学，以及其他学说中的种族概念，社会上存在着足够多的反对声音，甚至是压倒一切的声音。无论人们抱有什么样的看法，包括心理学家在内，每个人都承认，没有人曾经分离出"智力基因"（或者说"智商基因"），也没有人曾经分析出，各民族的智力怎么就不同了。人类唯一看得见抓得着的只剩下智商测试的成绩了。人们难免会思忖，既然这一命题的潜在破坏力如此强大，仅就此现实问题而言，人类就应当望而却步了。然而,美国在种族问题上已经陷得太深,对种族差异的探索因此也将继续下去,就像脚癣一样顽固,不可能根除,不定什么时候就会冒出来。

由于遗传信息的匮乏,有关种族差异的说法有赖于表象法和类推法。亨特肤色白皙,秃顶,患有皮肤癌,他充分利用这些事实说明,基因的群分和环境互为作用。有一次,为他看病的医生对他说:"你是个凯尔特人。"凯尔特人比其他族群的人更容易患皮肤癌。医生还进一步向他指出:"凯尔特人只要待在英格兰和爱尔兰,一切都挺正常。不过,历史上他们走出了国门,征服了印度,麻烦也就随之而来。"

关于亨特的皮肤颜色,表象法充分证明了学术界的专业精神:事实就是事实。不过,自弗朗西斯·高尔顿以来,在智力研究领域流行的有关种族的毫无根基的宿命论,以及人类的潜能普天之下皆相同的说法,亨特与某些学术伙伴的观点不尽相同。在国际智力研究会年会的发言中间的休息时间,亨特话里话外流露出如下看法:他认为,黑人和白人平均成绩相差 15 个点,大致上可归结为环境差异使然。他还说:"所谓常规智力指数完全没有根据。"换句话说,如果某人的智商指数不够高,就必须更加努力,也即是说,通过教育和专业训练,人们可以达到自己想达到的目的,只要目的合理。在亨特作出上述评论半小时前,一位说话远不及他精辟也不及他友善的学术界人士说,他儿子的智商分数显示,其常规智力指数不够高,因此他反复问过儿子,可否在数学方面多作些努力。智商分数的命运往往和罗夏墨迹测验法(Rorschach blot)[1]一样,人们常常拿它们和其他年代久远的心

---

[1] 由瑞士精神科医生罗夏(Hermann Rorschach)创立的一种人格测验的方法。通过让被试者看墨迹图并说出由之引起的想象,分析其人格与人生态度。——译者注

理学测试法互为比较。谁都不知道这样做究竟意味着什么。不过，和解释纸张上显示的墨迹不同，人们对考试成绩的解释，更能够反映人们对未来的预期。

智商领域的宿命论常常超越有益建议的红线，给许多家庭造成伤害。在美国，人们街谈巷议非洲裔美国人和白人平均分差为15分的时候，正是罗夏墨迹测验法最辉煌的时期——当然，检测结果是黑人的平均分数偏低。对某些人来说，从遗传角度看，这15分意味着，黑人不如白人。对其他一些人来说，这样的分数差距意味着，考试设计偏向白人。或者说，这样的设计恰好反映了不同人群生活环境的差异。退一步说，观点的不同导致了激烈的争论。从一定程度上说，每一位参与争论的人都带有个人偏见和臆断，以及意识形态的偏执。与此同时，这样的争论全都出自科学家之口，使之披上了一层客观的外衣。考虑到心理学界一直关着门争论智商测试测定的究竟是什么，而且人们普遍认为，用生物学的方法直接测定人类智能的技术根本不存在。在分数差异问题上，无论采取何种解释立场，人们都必须进行理性的跳跃和推理。20世纪最著名的遗传学家之一汉斯·艾森克（Hans Eysenck）说过，纯粹的遗传能力，用科学方法根本测不出来。"根本不存在通过生物方法直接测定可能存在的种族差异的方法。"他写道，"所有测试结果都是间接得到的。"

说来也是，对某些人而言，间接测试结果具有非凡的说服力。令人奇怪的是，在学院派心理学家之中，至少在喜欢对黑人和白人的智商差异说三道四的心理学家之中，似乎很少有出言谨慎的不可知论者。在智力领域最为著名的论述，或许是加州大学伯克利分校的教育心理学退休名誉教授阿瑟·詹森（Arthur Jensen）的一段白纸黑字（80岁有余的詹森在2004年国际智力研究会年会上的座位一直在第一排）。美国幼儿启蒙教育项目（Head Start program）启动4年之后，也是布朗诉托皮卡教育委员会案（*Brown v. Board of Education*）①开庭15年之后，1969年，詹森的一段话在美国掀起了轩然大波。他是这样说的："实施多年的补偿教育显而易见彻底失败了。"②在学术研究领域以及智商测试的分数方面，黑人仍然落后于白人，导致詹森发表了如下论断："我们手头握有各种各样的证据，没有任何一项证据可以单独证明什么。不过，将它们综合起来，人们有理由作出如下假设，在黑人和白人平均智力的差异方面，多种遗传因素确实起到了主导作用。"

令人备受折磨的论述！的确如此，也算得上是前无古人的论述，因为它在美国全境掀起了热议。想到教育政策的不确定性——虎头蛇尾类的项目，例如幼儿启蒙教育项目——最终很可能受智商宿命论调的摆布，实在令人作呕。再如后天外部条件有别的阿纳可斯提亚高中和沃特·惠特曼高中无法证明其美国大学入学考试平均分数的差距与遗传无关，确实给遗传论者们的论调以甚嚣尘上的机会。

确实也有一些在同一领域研究黑人和白人分数差异的智力研究人员得出结论说，这样的差异为后天环境的差异使然。在2004年国际智力研究会年会上作报告的美国俄亥俄州凯斯西储大学的心理学教授约瑟夫·费根（Joseph Fagan）便是其中之一。他认为，参加智商测试的非洲裔美国黑人其实和外国人的境况一模一样，伴随他们成长的不是标准英语，而是另外一种语言。

费根还说："黑人和白人在智商测试的分数方面的差距总的来说为15分，在这一点上，人们没有分歧。"年会召开期间，但凡涉及智力和种族的关系问题，全体与会人员能够达成共识的仅有此一论断。

---

① 该案涉及美国黑人可否享有公民的基本权利。——译者注
② 此处指的是美国提高贫苦儿童教育水平的补偿教育。——译者注

费根的一些研究也强化了这一论断。21世纪第一个10年伊始，费根对三组学生（分为白人组、黑人组、外国人组，后者即非英语国家白人组）进行了词汇方面的智商测试，他采用的是彼伯狄词汇测试（Peabody Revised）①。不出所料，母语为英语的白人组得分最高——比非洲裔美国人组高16分，比非英语国家白人组高18分，这一结果和其他类似的研究相差无几。

费根阐述说，各种智商测试都有涉及词汇知识的内容，而他想探索的是，三个参加比对的小组可否做到在语汇灵活应用部分水平相当。费根的第一个步骤是，为探索和证实黑人学生日常使用的是否为"另外一种语言"（即标准英语之外的某种语言），他在三个小组的测试中均采用了"黑人"英语。在这一测试中，非洲裔美国人的答题正确率为85%到90%，以英语为母语和非英语国家的白人答题正确率仅为40%。由于美国白人日常说的是标准英语，而非洲裔美国人日常说的既有标准英语也有黑人英语，费根由此推断，这妨碍了他们在常规智商测试中取得更好的成绩。他们的情况与母语为非英语的白人一样。

费根在词汇灵活应用部分采取的第二个步骤是，向参试者提供一份词汇表，表上所列均为晦涩的、年代悠久的词——全都是学生们不曾见过的一些词，例如"腹壁"即"肚子"，然后对他们进行测试。总的来说，无论是白人、黑人，还是母语为非英语的人，最终表现完全相同。当然，以上所说仅为一套考试成绩的一小部分。用种族解释最终的考试结果，用考卷是否为母语解释最终的考试结果，均解释不通。那么，某些人的考试成绩比其他人好，原因是什么，又如何解释呢？费根坚信，至少一部分原因是，每个个体处理信息的能力有别于

---

① 一种适用于6岁至16岁青少年的词汇测试。——译者注

其他人。

为了验证处理信息这一假设，费根又作了另外一类实验，他让参试者对以前从未见过的一组人的面部照片进行排序。这样做的真实目的何在，费根秘而不宣。他的兴趣所在，并非参试者们认为什么样的面部最引人注目，他不过是想知道，在晚些时候，参试者们对早先的排序究竟能记住多少，黑人和白人在这方面的能力是否存在差异。对照片作完排序后，参试者开始作彼伯狄词汇测试，随后费根让他们各自依据先前的排序对重新排序的面部照片进行识别。总的来说，黑人、白人、母语为非英语的人辨别照片的能力不相上下。更重要的是，对照片排序记忆力突出的人，在智商测试的彼伯狄词汇测试部分必然会获得高分。这一结果证实了费根的假设：处理信息的能力比种族更为重要，也比考卷采用的是否为母语更重要。

"暂且放下上述发现的重要社会意义不说"，费根说，他的一系列研究同时还揭示，智商由"多重决定因素构成……其一为处理信息的能力，其二为提供待处理信息的文化背景"。

对于如何阐述自己的研究成果，费根的态度可谓慎之又慎。"下面我用通俗的话来解释一下，"演讲结束之前，费根没有忘记作些必要的补充，"我可不是在说人们具备多重智商，我绝对不是这个意思。"向出席国际智力研究会年会的宾客推销多重智商肯定行不通。所以，费根的意思用他自己的话说是："人们可以参加各种各样的测试，在测试中采用新的信息……同样可以消除黑人和白人的分数差异。"

其他研究人员也发现，只要考卷的编写人员们摆脱常规的口头和非口头智商测试的模式，所谓黑人和白人的分数差异就会出现逆转。他们发现，背景相似的黑人和白人（"例如，年龄、性别、家长的受教育程度、人文环境、地理环境等等的相似"）在非口头测试中的得分几乎不相上下。举例来说，用杰克·纳格利埃里的认知评估系统测定的结果是，黑人的平均分数为 95.3，白人的平均分数为 98.8。然而，用杰克·纳格利埃里的非口头动手能力测验测定的结果是，黑人的平均分数普遍超过了白人，为 99.3：95.1。耶鲁大学的心理学家罗伯特·斯滕伯格也发现，将内容覆盖面狭小的美国大学入学考试和留学生工商管理硕士入学考试（GMAT）的内容扩大化，同样可以缩小不同族群的考生之间的分数差异。

约瑟夫·费根的论文在国际智力研究会年会上宣读之后，回答问题的时间，提问者寥寥无几，人们提出的也都是一些无关紧要的技术问题。对智力问题所作的许多其他研究揭示，智商测试测定的是学识，以及文化的多样性。费根的结论也不例外，对此人们早已熟知，因此人们认为，费根的结论不足为奇。然而，费根的论文是对加州大学伯克利分校退休教授阿瑟·詹森的研究成果的全面否定。在费根宣读论文时，詹森一直不动声色地坐在座位上，只不过脸上有时候会掠过几抹淡淡的笑意。此前，他曾经对采访记者说："所谓标准英语和采用'黑人'英语，诸如此类的说法证据不足，而且这样的说法在 20 世纪 60 年代和 70 年代曾经盛极一时。"与纳格利埃里的认知评估系统和非口头动手能力测验的结果针锋相对，詹森说："有别于混合了文字和数字的口头测试，在各种各样的非口头测试中，黑人和白人的智商差异跟人们想象的一样，甚至超过了人们的想象。"

詹森进一步论证说，用文化差异（例如饮食、教育、生活环境，以及其他方面的差异）说明非洲裔美国人智商测试的平均分数相对较低，不足以解释黑人和白人的智商测试的分数差异何以延续了这么久。问题是，人们为什么一定要证明，这样的差异源自后天环境，而非生物遗传？考虑到能够解释这种差异的灵敏的测试手段至今还未问世，最聪明不过的态度就是，默认不同族群的人智力水平天生相等。

众多个人的结局无论是成功还是失败，都必须基于自身的拼搏努力，这与族群无关。

心理学家们常常给自己的说法罩上科学的外衣。例如，他们说"实施多年的补偿教育显而易见彻底失败了"，实际上，他们这是在干预政策制定。自从维多利亚时代出现了弗朗西斯·高尔顿以来，智力研究人员们对政策制定和社会结构发表耸人听闻的言论似乎很上瘾——例如什么样的人是上层人，什么样的人是底层人，其成因是什么，这显然超出了他们的研究范围。自从弗朗西斯·高尔顿第一次画出钟形曲线图，以此推论非洲人的平均能力天生比欧洲人低以来，此情此景即已存在。在当今的美国，高尔顿学说的嗣承人常常大放厥词，说应当摈弃民权领域的立法，因为智商在很大程度上是代代相传的。20世纪90年代初期，某人曾经发表了如下言论："令人费解的是，自从20世纪50年代迄今，许多以'反种族歧视'名义设立的项目均以失败告终。科学研究如今已经揭开了这种情况的谜底：智力差异大约70%基于遗传，人类其他特质的差异，基于遗传的比例为50%到90%，甚至可达95%。既然如此，基于改善后天环境的诸多救助项目何以失败，也就易于理解了。"

社会的慈善活动、福利活动和救助活动何以无果而终，对某些心理学家而言，结论并非完全出自"如今的科研成果"。不过，为了促成社会救助项目的取消，一直以来，智力研究专家们总会援引前沿的科研成果。我们不妨用前几个段落中的引语和斯坦福大学的心理学家刘易斯·特曼1916年的论述作个对比。特曼当年的论述是："不必讳言，当慈善组织帮助智力低下的群体，让他们在当今社会和工业化世界得以生存，让他们生产和哺育跟他们一样的后代，由此得益的是一种令人疑窦丛生的服务行业。稍作一点儿心理学调研，都会有助于一个城市的综合慈善事业，将开支用于更为有利可图的方向。如若不然，必定会造成浪费。"如今，心理学家们的说法变了，然而他们的看法依然故我。

一旦遗传学家们披上意识形态的外衣，具有不同政治抱负的人们便会对他们的观点痛加挞伐，这理应在他们的意料之中。20世纪60年代和70年代，由于马克思主义者和左翼人士的批判，许多遗传学家深感处于水深火热之中，痛不欲生。他们还把当今世界政治的一贯正确看做宗教迫害，是反对学术自由。然而，自20世纪80年代以来，政治钟摆掉头往有利于他们的方向荡了过来，让他们感到了身份的变化，犹如身处中世纪黑暗时期的爱尔兰修道士，那时候他们蜗居在怪石嶙峋的西海荒岛之上的岩洞之中，奋笔抄写着《圣经》。在入侵者忙于拆除石砌的教堂和水渠（犹如当代社会的人们常常被误导，认为从遗传的角度看，人人生而平等，所以人们整日忙碌，以创立各种社会和经济救助项目）之时，他们通过自己的努力，使文明之火得以延续。不过，他们也常常感到，自己付出的太多太多。

很久以来，抱持遗传论调的智力研究者们的日子一直不大好过，这使他们已然受伤的心灵更加痛苦不堪。他们赖以生存的职业，甚至他们自身，都常常受到威胁。原因其实很简单，不过是因为他们说出了职业的想法而已。归根结底，他们表达自己的观点，不过是他们赖以糊口的生存方式罢了。20世纪60年代末期，阿瑟·詹森的名字也被用于表达某种主义，"詹森主义"竟然也成了种族主义的同义语。他多次受到死亡威胁，一些激进的学生对他的课堂和他的演讲公开进行干扰之后，加利福尼亚州立大学只好为他配了私人保镖。

然而，在2004年国际智力研究会年会期间，波旁饭店已经没必要为大会安排保安了。报道智力研究的记者寥寥无几，会场外也见不到抗议者的身影。当代年轻人——至少在饭店邻近地区狂欢的年轻人——对饮酒作乐和袒露乳房以便换取更多项链似乎更有兴趣。时代不同了嘛。

　　智力研究者们感觉移师城里开会已然更为安全之时，一些国际智力研究会年会的与会者仍然不大情愿和记者们交流。他们认为，记者们要么不懂科学，要么就在唯政治正确的报道中葬送掉科学。经历过被记者们有意暗算，智力研究者们碰见井绳都会避之唯恐不及。特拉华州立大学教育系饱受争议的社会学家琳达·戈特弗雷森（Linda Gottfredson）至今仍然遍体鳞伤。1994年，她曾经和《男人风度》（GQ）杂志的记者进行过长谈，进而邀请对方来家里与其家人共进晚餐。杂志社派出一位摄影记者为她拍照，照片样张出来之后，还请她亲自挑选最好的照片。她非常配合，但文章登出来后，结果让她无比震惊。在大会休息期间谈起那次经历，从她脸上仍然可以清楚地看出，那篇文章给她留下了痛楚的记忆：她脸上顿时失去了血色。她说，《男人风度》杂志刊登的照片让她看起来像是"某种妖魔鬼怪"。

　　文章所附照片上的琳达像是魔幻小说里不怀好意的巫婆，好像通过荒诞的魔法从湖水中变出来的，有着一颗闪闪发光的、毛茸茸的、飘在空中的、像乌贼一样的头，没有身子，她脸上僵硬的笑容透着杀机，她的鼻子和两块胎记极为显眼，浓密的灰头发让她看起来像是1974年为孩子们拍摄的圣诞节专题片《没有圣诞老人的年份》里的超级热魔头。文章所附的其他照片也采用同样的方法编辑，包括一位从加拿大多伦多市前来参加会议的研究员的照片，也是依照此例如法炮制的。把这些照片放在一起，他们凶神恶煞般的模样，使他们看起来像是柬埔寨战争中的红色高棉战犯。

　　遭到过如此对待，无怪乎智力研究人员们会退避三舍。爱丁堡大学的伊恩·迪尔里（Ian Deary）是国际智力研究会的主要发言人，若采访他，只能通过电子邮件的方式。惟其如此，他才能真正控制记者们对他原话的引述。来自西弗吉尼亚州的一位心理学家在接受采访时对就业和种族问题越说越激愤,他说:"你可以引述我的原话,说我身上穿着支持共和党的 T 恤衫。"简而言之,学者们宁愿自己的观点没有记者理睬,也不愿遭受人身攻击。

不过,问题是,在过去 100 年间,智商测试和智力研究曾经鼎力支持过一些极为可怕的政策,以纳粹为例,其血腥程度达到了极致。正因为如此,每当心理学家们将话题转到社会政策和社会结构,由于他们专业领域曾经的污点,他们每前进一步,都必须战战兢兢。不仅如此,国际智力研究会的一些成员确实行事乖戾,为那些虎视眈眈的记者们开启了下蛆的缝隙。在国际智力年会上,仍然可以碰到口头挂着"黑傻子"、"蒙古傻子"说法的怪人。一位研究人员甚至还论证说,如今的"东方人"比白人和黑人智商高,因为在冰河时期,亚洲的物候自然选择了当地最聪明的人类,使他们能够猎杀大型动物,能够制作首饰,能够制造工具。与其他地区的愚蠢同类相比,"东方人"得到磨砺的机会更多。另一位教授级人物提交的论文说,实际上,与种族相比,世界上各种各样的肤色能够更为准确地预测人类的智商(表皮颜色越浅,分数就越高)。令人感到惊奇的是,他的研究竟然完全基于 1966 年出版的一本意大利文地理课本。与其他大多数领域相比,智力研究领域的奇谈怪论尤其多。

学者们理应拥有广泛的行动自由,以表达观点,从事研究。人们不应当由于学者们言论张狂,因而将他们套于五匹马当中,作五马分尸状。如果出现基于学者们的论调拟定政策的情况,社会最好对他们的立场保持高度警惕,同时也要有信心。社会公认智力研究人员是科学家,并不意味着各个国家在制定切合实际的政策时,这些人的主意会比其他人高明。实际上,他们的主意可能更加不切合实际。

遭到《男人风度》杂志用照片恶意诋毁的琳达·戈特弗雷森在实际生活中并非什么邪恶的巫婆。和她谈话时,她总会将头偏向一侧,表情非常专注。她是一位外在形象端庄的女性，每次出席会议，总会穿平底鞋、长筒袜、红色或蓝色单色长裙。她那超级热魔头样的头发不过是浓密一些而已。令人精神振作的是，她对记者们的态度一如既往，充满信任。个中原因他人不得而知。尽管琳达总是开诚布公，说话也总是经过深思熟虑，人们绝不能因为曾经与她有过一席谈而影响到政策的废立。

琳达早期研究的是如何遴选职员，属于社会学科，后来才转到智力研究领域。在早期研究阶段，她笃信多元智能理论，不过她一直"坚持四处寻找"能够评估人生重大决策的各种智能——即预测什么人能够成为好雇员，什么人成不了好雇员的智能。20世纪80年代中期，她接触到了心理学家们的常规智力指数，并且认为，这种方法很棒。不久之后，她开始研究智商、就业、种族和犯罪之间的相互关联。

1985年，琳达论证说，长期以来，社会的职业阶梯是沿着人们的智力发展进程延伸的。也即是说，脑外科医生之所以是脑外科医生，其原因是，他们比卡车司机聪明——是遗传因素将手术刀递到了外科医生手里，将方向盘递到了司机手里。换句话说，正如中世纪的西里尔·伯特认为的那样，琳达同样认为，许多人的智商将他们安置到了与其匹配的位置上。社会结构"并非由上帝一手安排"，琳达说，它是由不同的智力"演化而来"。

正因为人们在很大程度上相信，智商测试测定的是人类内在的能力，即智力，这导致人们只能借助智商测试这面镜子来发表看法。琳达论证说，由于非洲裔美国人智商测试的分数比白人平均低了15分，六分之一的黑人（即分数低于75分的人）由于遗传方面的原因，极有可能无法"完成小学的全部学业，或是步入成年以后，他们无法在当代的社会中独立生活"。

不过，时间到了 1980 年，由于智商测试的分数在各民族中都上升了，美国黑人智商的平均分数达到或超过了白人在 20 世纪 30 年代智商测试的平均分数。难道从生物学的意义上说，如今的黑人比 20 世纪 30 年代的白人更聪明，只不过与生俱来的聪明劲仍然赶不上白人？人类的进化不可能这么快！

在同一次采访中琳达还谈到，自己的两个女儿刚刚转学到新学校上二年级时，考试成绩非常糟糕。其原因是，她们原来的学校在更高年级才开设阅读课。她们原来的学校还是沃得多夫教育集团入盟学校（Waldorf school）呢！

她说："她们被安排到阅读课的特殊教育班，结果那个班的老师高兴得要命，也许是因为，那是她这辈子唯一一次有幸接触阅读能力提高这么快的孩子。不到两个月，两个孩子就会自己阅读了，并且整天书不离手。"

人类至今仍然无法知晓，每个人或每个群体可以测量的能力究竟从何而来——肯定是环境因素和遗传因素的某种组合，然而这并不足以阻碍遗传学家们对人类、政策和国家作出大胆的整体预测。

琳达说："人们有了好的考试方法，常规智力指数的测试方法（即是说，心理学家们认为最有效的测定常规智力指数的考试）最终成了最有用、最普遍的考试方法，进而出现了巨大的种族差异，并且导致民主制度进退维谷。"

在选举中力挺腐败的政客，对记者们不实的报道痛加挞伐，教育不看对象无的放矢，所有这些都可以陷民主于进退维谷。然而，无论智商测试测定的是什么，智商测试本身并不会陷民主于进退维谷。即便仅仅为了论证而勉强承认，智商测试测定的是某种与生俱来的人们称之为智力的东西，那么，黑人、体力工作者、罪犯的平均智商分数事实上总是低于社会中的其他群体，面对此情此景，社会大众又当如何呢？给得分低的人做绝育手术，置他们于死地？趁他们还年轻，让他们上特殊学校，将他们关押起来？将他们阻挡在国门之外？在人类历史上，上述种种方法人们全都采用过，并且还有智力理论为其撑腰。琳达并不赞同采取如此过火的措施。人们究竟应当做些什么，琳达从未作过较为明确的表示，她只不过直言不讳地说出了自己的所见所闻，即，从生物学的意义上说，人类的不同种族和社会阶层之间真的有可能存在差异。如此这般，仅能使她认识到，自己应当反对什么——凭她的直觉来说，教育领域那些有害的和毫无价值的内容安排，按照种族和社会阶级划分劳动力等等等等，不过，轻重缓急应当如何排序，似乎她也说不清。

琳达是这样表述的："事实上，与其费尽心机寻找种族平等的出路，不如不分种族，针对智商测试分数低的个体施以援手，这样或许更好……人们尤其应当关注那些智商指数低于 80 分的个体，从心智上，特别是物质上，给予他们特殊的关注。"她认为，人们应当在生活方面和社会层面上帮助他们，而不是强扭瓜藤，在教育阶梯和职业阶梯上推着他们往高处爬升。人们在智力研究领域得出结论（或得不出结论），这是很自然的事。不过，人们不应当用智力研究干预社会决策。

上个世纪，常规智力理论一直是主流智力测试的理论基础。不过，常规智力指数的铁杆支持者们也承认，人们对常规智力的质疑从未间断过。我们不妨援引 1994 年出版的颇受争议的《钟形曲线》(*The Bell Curve*) 一书为例，这本书的开篇有这样的论述："智商具有普遍性的证据是广泛存在的，但却因环境不同而不同。该证据基于统计分析，而非直接观察，因此，它的真实性在过去充满争议，现在依然如此。"然而，写在本书开篇部分的上述两句话立刻就被作者们抛到了一边。在后面的第 845 页，本书的几位作者完全从政策层面提出了以下假设：常规智力指数确实存在，而且可以测定，另外，它还在不同的社会经济阶层和种族中代代相传，呈不均匀分布。如果人们用证据证实常规智力指数不仅存在，而且可以测定，而非通过数据对比证实这一点，那么，利用智商测试甄别人群，说明智力可以代代相传才会显得有意义。基于完全相同的理由，所有根据智商测试的成绩推论种族差异已经不讲理到了荒唐的地步。

后　记

智商测试的历史是一部骇人听闻的历史。许多早期的使用者们确实抱着崇高的愿望，然而，长期以来，智商测试往往被人们用于最为邪恶的目的。自第二次世界大战以来，人们利用智商测试的目的较为向善了一些。不过，总的来说，人们在使用智商测试的时候并不那么收敛。例如，智商测试在教育领域的应用，往好里说，无论是英格兰和爱尔兰的 11＋智力测试，还是美国的韦氏智力测评和美国大学入学考试，对人们始终都是误导。既然智商测试无法测定智力，在预测人们的学术成就方面也就可以忽略不计。往最低限度说，在使用过程中，智商测试会把许多对社会有价值的人阻挡在一流学校的门槛之外；往最坏里说，由于智商测试与社会经济密不可分，对社会中最不受待见的弱势群体，它们始终都加以排斥。

尽管如此，作为社会的人，人们总是倾心于智商测试，迷恋于智商指数。尽管本书搜集的大量证据不利于智商测试，人们仍然醉心于智商测试，这一现实既值得社会关注，又令人心碎。这一点人们也容易理解。智商测试可以测定人们与生俱来的智力，这样的认识早已悄然成为社会大众的共识。虽然这样的说法是谬论，人们已然把它当做事实，不假思索地广为接受了。

或许，智商测试吸引人之处在于，人们总是给它们加上"科学"的桂冠，还有就是，它们简单易用，一个分数即可定终身，颇具欺骗性。心理学家们常常对外宣称，他们所从事的是科学，不过，仅仅依靠统计分析，还不足以支撑他们的说法。心理学领域的结论远不及物理学领域的结论具有说服力,后者可以建造不会倒塌的桥梁,发射探测器前往火星,以此类工程为其做支撑,而智商测试背后什么都没有。用更为到位的类比来说,心理学领域的结论也不像分子生物学领域的理论那样易于服人,对生物机制进行解释,可以导致新药的诞生。尽管心理学测试看起来煞有介事,但涉及智力时,根本就没有对生物学能力的直接测量或考试手段。

这一心理学问题的过度炒作和过度兜售是心理学领域的历史遗存。通过向各类教育机构兜售智商考卷,并且声称,通过测定人们与生俱来的智力,可以提高社会效率,心理学因而赢得了社会的尊重,赢得了相应的社会关系和权力。虽然心理学家们吹嘘说,智商测试可以透视人们的内在世界,与精神疗法、颅相学以及测定心理的其他仪器大为不同,智商测试自诞生之日起,就不是用来帮助个体的。心理学家们大可不必对外宣称,心理学能够测定深奥如"先天智力"之类的东西,同样可以赢得社会机构的尊敬,打通相应的社会关系——例如各类学校、各军兵种、企事业单位、司法机构、医疗院所、政府部门等等。虽然埃尔弗雷德·宾尼特从未显现出极大的热情,20世纪上半叶,法国政府决意邀请他负责对在校生进行甄别。可是,他的继承人却选择了狂妄自大,从那以后,人类的苦难一直持续至今。

问题的关键在于,智商测试并非完全没有用。拿两位找工作的人作个比较,一个人的知识面比另一个人广,知道这一点肯定会有用处。虽然录用标准差异大,争议多,在某些场合,智商测试至少可以用来判断,平均分数高的人比分数低的人能力强。然而,问题是,通过各种智商测试判断某人的能力,结果会非常笼统。因此,将其用于教育领域、就业领域以及其他领域,用这些考试预测许多人未来的行为方式,往往错误百出。例如,美国的军队规定,征兵的底线为智商指数80分,一些原本可以成为优秀士兵的人,由于智商指数仅为79

分，无疑会被排除在军队之外。

解决上述问题的出路在于，必须根据具体情况判断部门利益和个人利益究竟孰重孰轻。对军队而言，毫无疑问的是，无论何时何地，团队的效率都远高于对个人前途的考量。从更广泛的意义上权衡，找工作的人和人力资源部门均认为有效的手段，社会何必要剥夺呢。除非权威部门认定某种考试有百害而无一利，或者，确实存在更好的替代方法，我们没有理由禁止用人单位采用不完善的录用手段。再者说，各类学校和司法机构应当把更多的精力放在理解单独的个人身上，而不应当如此关注教育和司法效率。除了心理学家以及所谓的专家们在过去100年里灌输给大家的道理，人们其实并不清楚，智商分数为70分、80分甚至110分的人，在学习方面和做事方面，都能做些什么，又不能做什么。

本书绝对无意遗漏如下观点：和以前那些遴选人员的方法（例如测量头颅）相比，甚至和长期以来一直存在的无功受禄（例如通过裙带关系）现象相比，智商测试确实是了不起的进步。然而，对心理学家和其他智力研究专家们而言，他们早就应该发明更好的方法了。在眼下过渡时期，他们理应不再宣扬智商测试可以测定智力了，因为真实情况并非如此。另外，这样的说法极具危险性。值得庆幸的是，最近以来，由智商测试引发的后续问题已然非同往昔（例如，人类已经不会因为某人考试分数低而为其做绝育手术了）。然而，时间整整过去了一个世纪之久，从本质上说，智力测试本身一直没有什么改变。1905年，埃尔弗雷德·宾尼特针对人类的学识和智能作了一项测试，一百多年后的今天，人类仍然在等候一项重大改进措施的问世。

译 后 记

借本书出版之际，我谨向南希·欧文思（Nancy Owens）女士和詹姆斯·梅（James May）先生表示衷心的感谢。在翻译本书的过程中，他们曾经给予我许多帮助。

承蒙生活·读书·新知三联书店厚爱，让我承担重任，翻译本书，我深表感谢。

斯蒂芬·默多克是个与众不同的作家。他写作本书的手法并非不通俗，因为，本书怎么看也是一本通俗读物。说他与众不同，主要是指他用词比较怪异。在阅读原文的过程中，我常常会想：默多克在写作本书过程中肯定是在刻意追求一种与众不同的文字表达方式，或许，这种亦庄亦谐的笔法正是作者的风格吧。

中国古代诗人李贺常常被冠之以诗坛"怪才"、"鬼才"、"怪杰"之名。本书作者的风格也大致如此。

希望我的译文能够忠实地反映原作的风格。译文中凡有不妥之处，望读者不吝宽容。

卢欣渝
2009 年 6 月

新知文库

01 《证据：历史上最具争议的法医学案例》[美]科林·埃文斯 著　毕小青 译
02 《香料传奇：一部由诱惑衍生的历史》[澳]杰克·特纳 著　周子平 译
03 《查理曼大帝的桌布：一部开胃的宴会史》[英]尼科拉·弗莱彻 著　李响 译
04 《改变西方世界的26个字母》[英]约翰·曼 著　江正文 译
05 《破解古埃及：一场激烈的智力竞争》[英]莱斯利·亚京斯 著　黄中宪 译
06 《狗智慧：它们在想什么》[加]斯坦利·科伦 著　江天帆、马云霏 译
07 《狗故事：人类历史上狗的爪印》[加]斯坦利·科伦 著　江天帆 译
08 《血液的故事》[美]比尔·海斯 著　郎可华 译
09 《君主制的历史》[美]布伦达·拉尔夫·刘易斯 著　荣予、方力维 译
10 《人类基因的历史地图》[美]史蒂夫·奥尔森 著　霍达文 译
11 《隐疾：名人与人格障碍》[德]博尔温·班德洛 著　麦湛雄 译
12 《逼近的瘟疫》[美]劳里·加勒特 著　杨岐鸣、杨宁 译
13 《颜色的故事》[英]维多利亚·芬利 著　姚芸竹 译
14 《我不是杀人犯》[法]弗雷德里克·肖索依 著　孟晖 译
15 《说谎：揭穿商业、政治与婚姻中的骗局》[美]保罗·埃克曼 著　邓伯宸 译　徐国强 校
16 《蛛丝马迹：犯罪现场专家讲述的故事》[美]康妮·弗莱彻 著　毕小青 译
17 《战争的果实：军事冲突如何加速科技创新》[美]迈克尔·怀特 著　卢欣渝 译
18 《口述：最早发现北美洲的中国移民》[加]保罗·夏亚松 著　暴永宁 译
19 《私密的神话：梦之解析》[英]安东尼·史蒂文斯 著　薛绚 译
20 《生物武器：从国家赞助的研制计划到当代生物恐怖活动》[美]珍妮·吉耶曼 著　周子平 译
21 《疯狂实验史》[瑞士]雷托·U·施奈德 著　许阳 译
22 《智商测试：一段闪光的历史，一个失色的点子》[美]斯蒂芬·默多克 著　卢欣渝 译
23 《第三帝国的艺术博物馆：希特勒与"林茨特别任务"》[德]哈恩斯—克里斯蒂安·罗尔 著　孙书柱、刘英兰 译
24 《茶：嗜好、开拓与帝国》[英]罗伊·莫克塞姆 著　毕小青 译
25 《路西法效应：好人是如何变成恶魔的》[美]菲利普·津巴多 著　孙佩妏、陈雅馨 译
26 《阿司匹林传奇》[英]迪尔米德·杰弗里斯 著　暴永宁 译
27 《美味欺诈：食品造假与打假的历史》[英]比·威尔逊 著　周继岚 译
28 《英国人的言行潜规则》[英]凯特·福克斯 著　姚芸竹 译
29 《战争的文化》[美]马丁·范克勒韦尔德 著　李阳 译
30 《大背叛：科学中的欺诈》[美]霍勒斯·弗里兰·贾德森 著　张铁梅、徐国强 译

31	《多重宇宙：一个世界太少了？》[德] 托比阿斯·胡阿特、马克斯·劳讷 著　车云 译	
32	《现代医学的偶然发现》[美] 默顿·迈耶斯 著　周子平 译	
33	《咖啡机中的间谍：个人隐私的终结》[英] 奥哈拉、沙德博尔特 著　毕小青 译	
34	《洞穴奇案》[美] 彼得·萨伯 著　陈福勇、张世泰 译	
35	《权力的餐桌：从古希腊宴会到爱丽舍宫》[法] 让—马克·阿尔贝 著　刘可有、刘惠杰 译	
36	《致命元素：毒药的历史》[英] 约翰·埃姆斯利 著　毕小青 译	
37	《神祇、陵墓与学者：考古学传奇》[德] C.W.策拉姆 著　张芸、孟薇 译	
38	《谋杀手段：用刑侦科学破解致命罪案》[德] 马克·贝内克 著　李响 译	
39	《为什么不杀光？种族大屠杀的反思》[法] 丹尼尔·希罗、克拉克·麦考利 著　薛绚 译	
40	《伊索尔德的魔汤：春药的文化史》[德] 克劳迪娅·米勒—埃贝林、克里斯蒂安·拉奇 著　王泰智、沈惠珠 译	
41	《错引耶稣：〈圣经〉传抄、更改的内幕》[美] 巴特·埃尔曼 著　黄恩邻 译	
42	《百变小红帽：一则童话中的性、道德及演变》[美] 凯瑟琳·奥兰丝汀 著　杨淑智 译	
43	《穆斯林发现欧洲：天下大国的视野转换》[美] 伯纳德·刘易斯 著　李中文 译	
44	《烟火撩人：香烟的历史》[法] 迪迪埃·努里松 著　陈睿、李欣 译	
45	《菜单中的秘密：爱丽舍宫的飨宴》[日] 西川惠 著　尤可欣 译	
46	《气候创造历史》[瑞士] 许靖华 著　甘锡安 译	
47	《特权：哈佛与统治阶层的教育》[美] 罗斯·格雷戈里·多塞特 著　珍栎 译	
48	《死亡晚餐派对：真实医学探案故事集》[美] 乔纳森·埃德罗 著　江孟蓉 译	
49	《重返人类演化现场》[美] 奇普·沃尔特 著　蔡承志 译	
50	《破窗效应：失序世界的关键影响力》[美] 乔治·凯林、凯瑟琳·科尔斯 著　陈智文 译	
51	《违童之愿：冷战时期美国儿童医学实验秘史》[美] 艾伦·M·霍恩布鲁姆、朱迪斯·L·纽曼、格雷戈里·J·多贝尔 著　丁立松 译	
52	《活着有多久：关于死亡的科学和哲学》[加] 理查德·贝利沃、丹尼斯·金格拉斯 著　白紫阳 译	
53	《疯狂实验史Ⅱ》[瑞士] 雷托·U·施奈德 著　郭鑫、姚敏多 译	
54	《猿形毕露：从猩猩看人类的权力、暴力、爱与性》[美] 弗朗斯·德瓦尔 著　陈信宏 译	
55	《正常的另一面：美貌、信任与养育的生物学》[美] 乔丹·斯莫勒 著　郑嬿 译	
56	《奇妙的尘埃》[美] 汉娜·霍姆斯 著　陈芝仪 译	
57	《卡路里与束身衣：跨越两千年的节食史》[英] 路易丝·福克斯克罗夫特 著　王以勤 译	
58	《哈希的故事：世界上最具暴利的毒品业内幕》[英] 温斯利·克拉克森 著　珍栎 译	
59	《黑色盛宴：嗜血动物的奇异生活》[美] 比尔·舒特 著　帕特里曼·J·温 绘图　赵越 译	
60	《城市的故事》[美] 约翰·里斯 著　郝笑丛 译